KB241006

한국인의 연령별 골밀도와
각 연령군의 골밀도와 관련된
식이요인 분석

한국인의 연령별 골밀도와
각 연령군의 골밀도와 관련된
식이요인 분석

이정숙 외 4인 著

한국학술정보㈜

▌목차 ▌

|List of Tables|

▌List of Figures▌

▌List of Appendix▐

I. 서 론

골격은 신체를 지탱하여 주고 형태를 유지시켜 주는 중요한 역할을 한다. 이러한 골격은 골 용출(bone resorption)과 골 형성(bone formation)이 반복되면서 골 재형성(bone remodeling)이 활발하게 일어나는 대사성 기관이다.[1,2] 골격의 대사는 연령에 따라 달라져 성장기에는 골 형성이 골 용출보다 우세하고 나이가 들어 노년기에 들어서면 골 용출이 골 형성을 능가하게 된다.[3] 즉, 사람의 골격량은 30대까지 증가하여 최대골질량(peak bone mass)에 도달하였다가 30대 중반부터 점차 골격 손실이 시작되며 여성의 경우 폐경 후에 급속도로 골 손실이 촉진된다.[4]

골격대사의 변화로 인한 대표적인 대사성 골질환인 골다공증(osteoporosis)은 골격의 화학적 조성에는 변화가 없고 단위 용적당 질량이 감소되어 척추, 요골 및 대퇴부의 골절을 쉽게 초래하는 질병이다.[5,6] 골다공증에 의한 골절은 주로 척추의 압박골절, 대퇴부의 근위부골절 및 요골의 원위부골절이 대부분이며 그 외에 늑골, 골반골, 상완골 경부 등에서도 발생한다.[7] 골다공증에 의한 골절 중에서도 사망 및 유병률의 주된 원인이 되는 고관절골절은 미국에서 1989년 한 해 동안 약 25만 명이 발생하였는데 그중 20%만이 치유되었을 뿐이고 12~20%는 사망, 15~25%는 누워있는 상태로 장기간 치료를 받아야 했고 나머지 50% 정도는 일상생활 중 다른 사람의 도움을 필요로 하게 되었다고 한다.[8] 이처럼 골다공증은 그 자체가 문제가 되는 것은 아니나 골절이 되면 일상생활이 불편해지고 생명이 위태로워질 수도 있기 때문에 관심을 가져야 한다.

골격 건강 상태는 흔히 세계보건기구(World Health Organization) 에서 정한 임상적 기준[9]을 적용하여 평가한다. 즉, 골밀도가 최대골 질량(peak bone mass)의 -1 S.D. 보다 높을 때를 정상(normal)으로 간주하고, 골밀도가 -2.5 S.D. 이상 -1 S.D. 미만일 때 골감소증 (osteopenia), 골밀도가 -2.5 S.D. 이하이며 골절이 수반되었을 때 골 다공증(severe or established osteoporosis)으로 구분한다. 이러한 임 상적 기준에 의해 평가된 골다공증의 이환율을 보면 미국에서는 45세 이상 인구 중 1,500~2,000만 명이 골다공증환자라고 하며 일본에서 는 골다공증환자가 2000년대에 540만 명에 달할 것으로 추정 발표했 다.[10] 우리나라의 경우 정확한 통계는 없으나, 1998년 현재 약 200만 명 정도의 골다공증환자가 있고, 이 중 5~10만 명 정도는 골절을 일 으키는 것으로 추정되었으며,[11] 최근의 몇몇 연구에서도[12-14] 병원을 찾는 환자 중 많은 수가 골다공증임이 발견되고 있다고 보고되었다. 또한 평균 수명의 증가를 감안할 때 골다공증의 발생 빈도가 앞으로 더욱 높아질 것으로 예상된다.

골다공증은 효과적인 치료 방법이 없기 때문에 성장기 동안 최대 골질량을 극대화하고, 골 손실 위험인자를 피하는 것이 최선의 예 방책으로 알려져 있다. 골다공증의 유발요인은 다요인적이고 복합 적인 것으로 환경 요인 중 영양적 요인, 특히 칼슘 결핍이 골격 손 실에 크게 관계한다고 보고되어 있다.[15-21] 또한 비타민 D와 비타민 K의 섭취부족,[22-24] 동물성 단백질, 염분 또는 섬유질의 과다섭 취,[25-30] 음주[31-34] 및 카페인의 과다 섭취 등이 골밀도를 감소시키는 인자인 것으로 보고되어 있다. 신체적 생리적 요인으로서 난소절 제,[35] 초경의 지연, 낮은 신체질량지수[25,35] 및 운동부족[36] 등도 골 밀도를 낮출 수 있는 것으로 보고되어 왔고, 호르몬과 폐경에 의한 영향[37]도 알려져 있다. 특히 폐경 후 여성에게서는 에스트로겐의 부족과 기타 호르몬의 영향으로 50~65세 사이에 뼈의 골밀도가 10년 당 12%씩 급격히 감소하며, 이는 주로 척추 골절과 요골하단 골절로 이어지고 있다고 한다.[32]

우리나라 사람들의 칼슘 섭취 상태는 양호하지 못하다. 1998년도 국민건강·영양조사보고서[38]에 의하면 1일 1인당 평균 칼슘 섭취량이 511mg으로 한국인 영양권장량의 72.8% 수준이며, 칼슘 권장량의 125% 이상 섭취하는 가구가 전체 조사대상자의 10.8%에 불과했고, 권장량의 75% 미만을 섭취하는 가구가 전체 조사대상의 63.5%로 조사되었다. 칼슘의 급원으로 동물성보다는 식물성 식품에 의존하는 비율이 높으며, 동물성 칼슘의 주 급원이라 할 수 있는 우유 및 유제품의 섭취량이 1일 1인당 평균 87.5g에 불과하였다. 반면 미국인의 경우 1일 1인당 평균 칼슘 섭취량이 600~800mg이고 이 중 약 55%를 흡수율이 높은 우유 및 유제품 등의 동물성 식품으로부터 섭취하고 있다고 한다.[39]

또한 우리 국민들의 1일 1인당 연령별 평균 칼슘 섭취량은 7~12세 530.4mg, 13~19세 500.4mg, 20~29세 515.8mg, 30~49세 554.8mg, 65세 이상의 노인 연령층에서 397.3mg이였고, 이들 연령층 중 13~19세와 65세 이상의 노인 연령층에서 한국인 영양권장량의 58.7%, 56.8%를 섭취하여 칼슘 섭취가 가장 낮은 것으로 보고되었으며, 그 외 연령층에서도 권장량의 75% 이하의 수준을 섭취하는 것으로 조사되었다.[38] 또한 칼슘의 주 급원이라 할 수 있는 우유 및 유제품의 1일 1인당 평균 섭취량은 7~12세가 189.0ml, 13~19세 123.8ml, 20~29세 68.1ml, 30~39세 52.6ml, 65세 이상 28.8ml로서 연령이 높아지면서 섭취량이 감소하였다[38]고 한다.

  그러므로 노인 연령층을 대상으로 여러 요인이 골밀도에 어떠한 영향을 미치는가에 관한 다양한 연구가 국·내외에서 수행되어 왔으며, 칼슘 섭취량과 골밀도 사이의 관계에 대한 연구 역시 주로 폐경기 전·후의 여성을 대상으로 수행되어왔다.[22,37,40-42] 그러나 골 형성 및 골밀도 축적이 이루어지는 성장기 아동, 청소년 및 성인을 대상으로 한 연구는 별로 이루어지지 않았다.

  현재 아동 및 청소년의 골 상태를 판정할 수 있는 정확한 기준이 설정되어 있지 않고, 이들 연령층의 골밀도에 영향을 미치는 다양한 식이 요인에 관한 연구 역시 거의 전무한 실정이다. 노인뿐 아니라 골격의 성장과 성숙이 이루어지는 모든 연령층에서 식품을 통한 칼슘 섭취량이 부족한 우리의 입장을 고려할 때 연령별 골밀도 상태와 식이 내용과의 관계를 밝혀내는 일은 날로 그 발생률이 증가하고 있는 골다공증 예방을 위해 시급히 이루어져야 할 과제이다.

  그러므로 본 연구에서는 우리나라 성장기 어린이, 청소년, 성인 및 60세 이상의 노인을 대상으로 남녀의 골밀도에 영향을 미치는 여러 요인 중 식이 요인을 종합적으로 고찰하여 봄으로써 골격 건강을 유지하기 위한 적절한 식생활 지침을 제공하고저 한다.

II. 문헌고찰

1. 골격 대사

1) 골격의 구조 및 작용 기전

골은 연골근육과 연합하여 특수한 기능을 행하는 결체조직으로 우선 근육의 지주로 이용되며, 신체 내의 중요한 장기를 보호하고, 칼슘, 인, 마그네슘과 같은 이온의 저장 및 혈액 내 이들 이온의 항상성을 유지하는 데 도움을 준다.[43]

골은 신체의 다른 조직과 달리 부피의 2~5%만이 생성되는 세포이고, 나머지 95~98%는 비생존물질(nonliving material)이다. 비생존물질은 강도, 단단함, 탄력성 등의 기계적 특성을 제공하며, 유골(osteoid)이라 불리는 무기질을 포함한 단백질 형으로 구성되어 있다.[44] 즉, 골격의 중요한 특징은 칼슘을 침착시키는 석회화 과정을 거치는 점이다.

골은 외형적으로 경골(tibia), 대퇴골(femur), 상완골(humerus) 같은 장관골(long bone)과 두개골(skull bones), 견갑골(scapula), 하악골(mandible), 장골(ilium) 같은 편평골(flat bone)의 두 가지 형이 있다. 장관골의 모양은 양쪽 끝이 약간 넓어진 골단(epiphysis), 약간 움푹 들어간 가운데 부분인 골간(midshaft 또는 diaphysis), 골단에서 골간으로 이행되는 골간단부(metaphysis)로 구성되어 있다. 성장기에는 골단과 골간단부 사이에 계속 증식되는 골단연골이 있어 골의 성장이 일어난다. 증식된 연골은 석회화의 과정을 거쳐 성숙된 골로 변화되고, 성장기가 지나면서 골단연골의 성장판은 더 이상의 증식이 일어나지 않고 석회화와 함께 닫히게 된다.[7, 44]

골은 조직학적으로 표면부위와 내면부위가 서로 달라, 표면부위는 두껍고 단단한 석회화 조직인 피질골(cortical bone) 또는 치밀골(comapact bone)이라 하고 내면부위는 엉성하게 연결된 골수조직으로 소주골(trabecular bone), 해면골(sponge bone) 또는 망상골(cancellous bone)이라 한다.[44-45] 치밀골의 80~90%는 석회화되어 있는 골 조직으로 단단하기 때문에 신체균형을 이루는 지주와 장기보호 기능이 있다.[7] 치밀골의 손실은 남자의 경우 40~45세부터 시작하여 90대까지 계속되며 10년에 3~5%의 속도로 감소하는[46] 반면 여자의 경우는 30대 중반부터 골격 손실이 시작되어 폐경 후 급속도로 촉진된다. 즉, 폐경 전에는 10년에 3%씩 감소하다가 폐경 후에는 9%씩 감소하고 70대 이후에는 그 감소율이 3%로 줄어든다. 여성의 경우 일생 동안 손실된 골격의 양은 해면골이 50%, 치밀골이 35%라 한다.[47]

해면골은 그 부피의 15~25%만이 골 조직이고 나머지는 골수로 채워져 있으며,[7] 체액과 접촉하는 넓은 표면적을 가지고 있어 골 - 칼슘대사의 중심이 되는 부분으로 표면적 대 부피의 비가 크고 대사율이 빠르며 골격손실이 빨리 일어난다.[44, 45] 해면골의 손실은 남녀 모두 30~35세에 시작되며 성에 따른 차이가 치밀골처럼 크지 않고 10년에 6~8%의 속도로 감소한다.[46]

골량은 일생 동안 골의 형성, 성장 및 골 재형성의 과정을 거치면서 변화한다. 신체의 성장이 끝난 후에도 계속해서 골 흡수와 생성을 거듭하게 되는데 이러한 과정은 골세포의 상호작용에 의해서 이루어진다. 골세포는 크게 뼈의 생성에 관여하는 조골세포(osteoblast), 성숙된 골에서 발견되는 골세포(osteocyte)와 골내막세포(bone-lining cell), 골 흡수에 관여하는 파골세포(osteoclast)로 분류할 수 있다.[48] 조골세포는 간충조직세포에서 유래되며 섬유아세포 및 혈관벽을 형성하는 세포와 관련이 있다. 조골세포는 항상 자신이 만들어낸 골 기질과 충을 이룬 곳에 위치하며, 아직 석회화되지 않은 미성숙 골 조직 즉 유골조직(osteoid tissue)으로부터 성숙된 골 조직이 만들어질 때까지 약 10일이 소요된다. 이러한 조골세포는 단백질 합성이 매우 활발한 구조로 되어 있으며, 세포질돌기가 유골조직 내로 뻗어있어 유골구성물질을 계속 축적시킬 수 있다. 이러한 과정에 의해 골 무기질화가 이루어지며 조골세포는 골세포(osteocyte)와 골내막세포로 변한다.[7, 44]

조골세포의 작용에 영향을 미치는 요인으로 부갑상선호르몬(PTH), 1.25-$(OH)_2$ 비타민 D_3, 글루코코티코이드(glucocorticoids), IGF-1 (insulin-like growth factor-1), TGF-β(transforming growth factors-β), Inter-leukin-6, 갑상선호르몬 등이 있다.[3, 43, 48, 49] 이들 인자들의 대부분은 조골세포의 활성을 증가시켜서 골의 형성을 촉진시키며 골의 재흡수를 억제하는 역할을 하는 것으로 보고되고 있다.[3, 43, 48] PTH는 조골세포에 영향을 미치면서 골의 재흡수에 관여하는 것으로 알려져 있으나 그 기전은 확실하지 않다.[44] 갑상선호르몬은 조골세포의 분화를 증진시키고 IGF-1 표현을 조절하는 역할에 의해 골 형성과정에 관여한다고 한다.[49] 또한 프로스타글란딘 E_2의 수준을 저하시키며 골로부터 칼슘의 용출을 감소시킴으로써 골의 재흡수를 저해하는 것으로 보고되고 있다.[49, 50]

파골세포(osteoclast)는 골의 파괴에 관여하는 세포로 골의 재흡수를 담당하며 4~20개의 핵을 가진 거대다핵세포이다. 파골세포는 골지체가 풍부하고, 가수분해효소를 간직한 리소좀을 함유하고 있으며, 다량의 수소이온을 분비하여 골 흡수 표면을 산성화(acidification) 시킴으로써 골 기질의 용출을 가속화시킨다.[44] 파골세포에 영향을 미치는 호르몬으로 칼시토닌(calcitonin), TGF-α, interleukin-1, colony stimulating factor (CSF-1), 프로스타글란딘 등이 있다.[3, 44, 51-53] 칼시토닌은 파골세포에 직접 작용하여 adenylate cyclase를 통하여 골 흡수를 억제하는 것으로 알려져 있으며,[52, 53] TGF-α, interleukin-1, CSF-1은 파골세포의 작용을 촉진시켜 골의 재흡수를 촉진한다고 한다.[3, 48] 또한 프로스타글란딘은 adenylate cyclase활성도를 증가시켜 골의 재흡수를 촉진시킨다고 하며[44, 51] 골의 재흡수를 저하시키는 interleukin-4와 글루코코티코이드에 의해 프로스타글란딘의 합성이 억제되면서 골의 재흡수가 저해된다고 한다.[54] Endothelin은 조골세포와 파골세포에 영향을 미쳐 골의 형성 및 재흡수에 관여하는 인자로 PTH분비를 억제하고 콜라젠과 비콜라젠단백질 합성을 촉진하며, 파골세포의 motility의 억제 및 프로스타글란딘에 의존하는 골의 재흡수를 자극함으로써 골 유지에 영향을 미친다고 한다.[55-57]

이와 같은 인자들이 조골세포와 파골세포의 작용에 관여함으로써 골의 형성, 성장 및 골 재형성의 과정에서 영향을 미치게 된다. 즉, 조골세포에 의한 골 형성과 파골세포에 의한 골 흡수가 동일할 때는 골량의 변화가 없으나 파골세포에 의한 골 흡수가 증가될 때에는 골량 감소를 유발하게 된다. 성장기에는 파골세포보다는 조골세포의 활성도가 왕성하기 때문에 골 형성 및 골량이 증가하는 쪽으로 진행되나 연령의 증가와 함께 조골세포보다는 파골세포의 활성이 증가하면서 골의 재흡수에 의한 골량 감소를 초래하게 된다.[7, 58, 59]

2) 생의 주기에 따른 골질량의 변화

생의 주기에 따른 골질량의 변화를 보면 유아기와 아동기에 적절한 영양공급이 이루어지면 골격은 정상적으로 발달되고 골량이 증가된다. 즉 이 시기에는 골격 형성 및 골 무기질화를 위하여 적절한 양의 칼슘이 요구되어진다.[7]

급성장기인 사춘기 동안 남·녀 모두 가장 많은 양의 칼슘이 골격에 축적된다. 여자의 경우 9~18세, 남자의 경우 10~20세 사이에 총 골 무기질의 50%가 축적되며, 이는 사춘기 동안의 호르몬 변화와 관련이 있다.[7,60] 사춘기 2~3년 동안 성호르몬 증가는 골격 내 칼슘 축적에 긍정적인 효과가 있으며,[61] 사춘기 소년에게 테스토스테론(testosterone) 투여 시 골격 내 칼슘의 보유를 증가시켰다고 한다.[62] 또한 에스트로겐(estrogen)은 사춘기 소녀의 골격 칼슘 축적에 긍정적인 효과가 있어 골질량의 증가에 유력하게 기여한다고 한다.[63-65]

최근 연구에 의하면 요추와 대퇴경부의 골밀도와 골질량은 여자의 경우 11~14세에 연간 증가율이 가장 높았고, 초경 후 2년 또는 16세경에 극적으로 증가하였으며, 남자는 13~17세 사이에 가장 많이 증가하였다고 한다.[66] Bonjour 등[67]이 스위스 청소년을 대상으로 한 연구에서 남자는 급성장기(15~18세)에 요추와 대퇴골의 골밀도가 증가하였고, 여자는 초경 후 골밀도가 증가하나 초경 후 2~4년 사이에 골밀도 증가율이 감소하였으며, 14~15세 여자의 요추 골질량은 20~35세 성인 여자의 골질량과 비슷한 수준에 도달하였다고 한다. Matkovic 등[68]의 연구에서도 16세 딸의 골질량이 폐경 전 어머니 골질량의 90~97%에 이른다고 하였고, Zanchetta 등[69]은 아르헨티나에 거주하는 백인 소녀를 대상으로 한 연구에서 전신의 최대골질량 도달 시기는 16세이었으며, 대퇴경부, 대퇴전자, 와드삼각부의 골밀도는 14세까지 증가한다고 하였다. Young 등[70]의 10~26세 쌍생아에 대한 횡단적 연구에서 평균 골밀도는 연령에 따라 증가하며 plateau를 이룬 시기가 16세경이라 하였고, 척추의 최대골질량은 사춘기 성장이 멈추는 약 18세경에 도달된다[71]고 하였다.

Geusens 등[72]의 벨기에 여자를 대상으로 한 횡단적 연구에서도 요추의 골질량이 20세 초반에 감소한다고 하였고, Riggs 등[71]도 20세 이후에 골밀도가 증가하지 않았다고 보고하였으며, Mazess와 Barden[73]이 20세 이상의 백인 여성을 대상으로 한 횡단적 연구에서도 대퇴골 골질량의 변화를 발견할 수 없었다. 그러나 Recker 등[62]의 20세 이상의 백인 여성을 대상으로 한 종단적 연구에서 척추 골질량이 10년 동안 증가하였으며, 20대 중반의 여성을 대상으로 한 Metz 등[74]의 연구에서도 권장량 수준으로 섭취한 일상 식이 칼슘이 골질량을 증가시킨다고 하였다. 또 Faulkner 등[75]은 17~21세 사이의 젊은 성인 여자를 대상으로 한 연구에서 전신(total body), 대퇴기저부 및 요추의 골밀도와 골질량이 나이에 따라 유의적으로 증가한다고 보고하여 성인 여자의 요추와 대퇴골 부위의 골질량 변화에 관하여 서로 상반된 보고를 하고 있다.

Teegarden 등[76]은 22세경에 최대골밀도의 99%에 26세경에 최대골질량의 99%에 도달한다고 하였고, Theintz 등[66]의 연구에서도 급성장기 이후 최대골질량에 이르기까지 골밀도의 증가가 이루어지며, 20대 후반에서 30대 중반까지 골밀도의 증가는 계속되어진다고 하였다. 최대골질량에 이른 후 골밀도는 서서히 감소하기 시작하는데, 30~94세의 여성을 대상으로 한 Joseph Melton Ⅲ 등[77]의 연구에 의하면 대퇴골의 골밀도가 연간 1%씩 감소한다고 하며, 폐경 전에 척추와 요골의 감소가 나타났고, 감소율은 연간 1%를 넘지 않는다고 한다. 또한 골밀도 감소율은 폐경 후 1~5년 사이에는 폐경 전에 비하여 2배~6배 정도 높고, 폐경 후 10년이 지난 후에는 매년 1% 정도 감소한다고 하였다.[78] Ensrud 등[79]과 Jones 등[80]도 폐경 후 여성의 골밀도 감소율을 매년 1% 정도라고 보고하였고, 75세 이상의 연령층에서는 골밀도 감소율이 가속화된다고 하였다.

남자의 경우 축적된 골질량이 소실되기 시작하는 연령이 정확하지 않지만 Glynn 등[81]과 Hannan 등[82]의 횡단적인 연구에 의하면 50세 이상 남자의 골밀도 감소는 폐경 후 10년이 지난 여성의 골밀도 감소율과 유사하다고 하였고, 종단적 연구들에서는 골반과 요골의 골밀도가 매년 1% 정도 감소한다고 하였다.[80, 83]

우리나라 사람들을 대상으로 한 조사에 의하면 여성의 경우 20~30대에는 연령이 증가할수록 골밀도가 증가하여 10년당 요추 골밀도는 5% 정도 증가하며, 와드삼각부는 20세 이후 35세까지 8% 정도 증가하여 35세 전후에 최대골질량에 도달한다고 한다.[84] 양승오 등[85]은 남성의 요추골밀도는 30대에 최고치를 나타낸 뒤 연령 증가에 따라 10년당 4~5%의 직선적인 감소 추이를 나타내었고, 여자의 요추 골밀도는 30~35세에 최고치를 나타낸 후 40대 후반까지 10년당 4%씩 감수하고, 40대 후반에서 65세 사이에 10년당 12%의 감소를 나타냈다고 보고하였다. 또한 이희자[86]의 연구에서도 최대골질량 형성 시기는 골격 부위에 따라 약간의 차이가 있어 요추는 30~34세 사이에, 대퇴경부와 와드삼각부는 25~29세 사이에, 대퇴전자부는 20~24세 사이에, 전신골밀도는 45~49세 사이에 최대골질량에 도달하였다고 하며 골격 부위별 최대 골밀도 도달 후 골밀도의 감소 변화를 비교할 때 연평균 골감소율은 요추 0.9%, 대퇴경부 0.7%, 와드삼각부 0.99%, 대퇴전자부 0.57%, 전신 1.01%라고 하였다. 윤석중 등[84]은 남성의 골밀도는 해면골과 피질골 모두 20세를 정점으로 연령이 증가함에 따라 직선적으로 감소한다고 하였다. 10년당 감소율이 요추 골밀도 3%, 대퇴경부 골밀도 4.8%이었고, 여성의 경우 20~30대에서 연령의 증가와 함께 골밀도가 증가하여 35세 전후에 최대골질량을 이룬 후 50세까지는 10년당 요추·대퇴경부 골밀도가 각각 7% 정도 감소하고, 50세 이후에는 10년당 요추 골밀도의 12%, 대퇴경부 골밀도의 11.6%씩 급격한 감소를 보이다가 65세 이후에는 10년당 요추골밀도 5.5%, 대퇴경부 골밀도 5.0%씩 완만한 감소를 보였다고 한다.

이와 같이 최대골질량에 이르는 시기에 대하여는 서로 상반되는 연구들이 있지만, 국내 연구들의 대부분은 30~35세 전후에 최대골질량에 이른 후 골밀도가 감소하는 것으로 보고 있으며 또한 골밀도는 폐경 전까지는 완만하게 감소하다가 폐경 이후 급격한 감소를 보이는 것으로 보고되었다.[77,87]

2. 골밀도에 영향을 미치는 요인

골질량 축적에는 유전적 요인과 환경적인 요인이 영향을 미친다. 20대에는 유전적인 요인이 70~80% 정도 영향을 미치며 나머지는 환경적 요인 특히 식습관, 생활습관 등이 영향을 미친다고 한다.[7] 그러나 20대 이후에는 유전적인 요인보다 환경적인 요인이 골질량에 더 영향을 미치는 것으로 보고되고 있다.[88,89] 이들 환경적인 요인들은 식습관과 관련된 식이 요인과 그 외 생활습관에 관련된 기타 요인들로 나누어 볼 수 있다.

1) 식이 요인

식이 요인은 골밀도에 영향을 미치는 가장 중요한 환경적인 요인 중의 하나이다. 젊은 성인을 대상으로 골밀도에 영향을 미치는 식이 요인을 조사 분석한 연구[31, 74, 90]에 의하면 칼슘과 비타민 D, 단백질, 인의 섭취량이 주로 골밀도에 영향을 미치는 것으로 조사되었다. Metz 등[74]은 24~28세의 여자를 대상으로 한 연구에서 칼슘의 섭취는 골밀도와 양의 상관관계가 있는 것으로 조사되었으나 인과 단백질 섭취량은 요골의 골질량과 음의 상관관계를 보였다고 하였고, Fehily 등[31]이 581명의 아동을 대상으로 14년간 실시한 연구결과 횡단적으로는 남자의 경우 알코올 섭취와 골밀도 사이에 역의 관계가 있었고, 여자의 경우 현재의 칼슘과 비타민 D 섭취량 및 사춘기 동안의 운동량이 골밀도와 양의 관계가 있는 것으로 분석되었다. 또한 Kardinaal[90] 등의 연구에서도 식이 중 칼슘 섭취량이 골의 매개변수로 작용한다고 하였고, Matkovic 등[68]은 칼슘 보충군이 control군보다 골질량이 증가한다고 보고하였다.

성인 및 노인을 대상으로 한 역학조사에서도 여러 식이 요인들이 골밀도에 영향을 미치는 것으로 보고하고 있다. Nguyen 등[91]이 60세 이상의 남녀 노인을 대상으로 한 조사에서 식이 중 칼슘 섭취량은 남녀 모두 대퇴골 골밀도와 양의 상관성이 있었으며, 칼슘 섭취량의 수준에 따라 골다공증 유발 수준과의 관련성을 보았을 때 여자의 경우 칼슘 섭취량 수준에 따라 차이가 없었으나, 남자의 경우 칼슘 섭취량이 낮은 집단에서 골다공증 발병률이 2배 정도 높은 것으로 나타났다. Marci[92] 등의 폐경기 여자를 대상으로 한 연구에서도 칼슘 보충 및 식이 칼슘 증가로 골밀도가 증가된다고 보고하였고, 35~65세의 여자를 대상으로 칼슘 보충의 영향을 조사한 연구[93]에서도 humerus의 골 무기질함량(BMC, bone mineral content)의 감소율이 칼슘 보충으로 저하될 수 있음을 확인하였다. 또한 이들의 연구에서 폐경 전과 폐경 후 집단으로 나누어 골 무기질함량에 영향을 미치는 요인을 분석하여 보았을 때 횡단적 연구에서는 폐경 후 여성의 ulna 골 무기질 함량이 나이아신 및 비타민 C 섭취량과 양의 상관관계가 있었고, 종단적인 연구에서는 에너지, 단백질, 칼슘, 인, 아연, 엽산의 섭취량이 폐경 후 칼슘을 보충하지 않은 집단의 radius 골 무기질함량의 변화에 관련이 있는 것으로 조사되었다고 한다. 이러한 결과를 해석하면서 연구자들은 영양소의 섭취 상태가 양호할 때 골 손실이 늦어질 수 있다고 설명하였다. 또한 일본인을 대상으로 한 Lacey 등[94]의 연구에 의하면 단백질 섭취량은 폐경전·후 여성의 midradial 골 무기질함량을 증가시키는 인자였으며, 채소와 우유 섭취는 폐경 후 midradial 골 무기질함량과 양의 관련성이 있는 것으로 확인되었다고 한다. 하와이에 거주하는 일본인(남녀 노인)을 대상으로 한 연구에서도 우유, 칼슘 및 비타민 D의 섭취 상태가 양호할 때 남녀 모두의 골 무기질함량이 증가된다고 하였다.[17] 또 일본인을 대상으로 골절률에 영향을 미치는 요인을 분석한 연구보고서에서도 우유 섭취량이 적을 때 골절률이 증가한다고 하였으며, 알코올 섭취량은 엉덩이뼈 골절의 위험률을 2배 정도 높일 수 있다고 하였다.[95] 또한 18~31세 사이의 성인 여자를 대상으로 한 연구에서도 아동기와 사춘기 동안의 우유 섭취량은 최대골질량이 발달되는 기간

중의 골 무기질함량과 관련성이 있었고, 현재 칼슘 섭취량은 요추 골 무기질 함량과 관련이 있다고 하였다.[96]

우리나라 사람들을 대상으로 한 국내연구[40, 41, 97, 98]에서도 여러 식이 인자들이 골밀도에 영향을 미치는 것으로 조사되었다. 김기랑 등[97]이 29~45세의 건강한 성인 여자를 대상으로 한 연구에 의하면 요추 골밀도는 단백질(동물성 단백질), 칼슘, 인, 동물성 철분 섭취량과 양의 상관성을 보였고, 이희자와 최미자[99]의 성인을 대상으로 한 연구에서도 동물성 칼슘, 철분, 열량 섭취량과 전신 골밀도 사이에 양의 상관관계가 있는 것으로 조사되었다. 또한 농촌지역에 거주하는 여자들을 대상으로 한 연구에 의하면 49세 이하의 연령군에서는 에너지, 단백질, 당질, 칼슘, 철분의 섭취량이 와드 삼각부 및 요추의 골밀도와 양의 상관성을 보였고 50세 이상의 연령군에서는 단백질, 지방, 칼슘, 인, 비타민 B_1, 비타민 B_2, 비타민 C 섭취량이 대퇴골과 요추의 골밀도와 양의 상관이 있는 것으로 조사되었다. 또한 곡류, 당류, 우유 및 유제품, 난류 및 유지류의 섭취량이 골밀도에 영향을 미치는 것으로 나타났다.[40] 폐경 전 여성을 대상으로 한 오재준 등[41]의 연구에서도 요추의 골밀도는 단백질, 칼슘, 인의 섭취량과 유의적인 양의 상관관계가 있었고, 대퇴골 골밀도는 단백질, 에너지, 인의 섭취량과 상관관계가 있었다. 또한 폐경 후 여성을 대상으로 한 연구에서도 채식군의 경우 조섬유소, 식물성 철분, 칼륨의 섭취량이 골밀도와 양의 상관관계가 있는 것으로 조사되었다.[98]

이와 같이 대부분의 역학조사에서 골밀도에 영향을 미치는 여러 식이 요인들 중 가장 강조되고 있는 것이 칼슘의 섭취량이다. 그러므로 칼슘의 섭취수준과 골밀도 사이의 관련성에 관한 수많은 연구들이 수행되어지고 있다.[42, 100-102] 쥐를 대상으로 에너지와 칼슘 제한 식이 제공 시 골밀도 변화를 실험한 Talbott 등[100]의 연구결과 골 재흡수는 에너지와 칼슘의 제한식이 제공 시 20~40% 높았으며, 골 밀도는 일상식이 제공군보다 낮았다. 즉 칼슘 제한식이는 골 재흡수 증가에 의하여 골밀도를 낮추는 것으로 나타났다. 난소 절제한 흰쥐를 대상으로 칼슘 섭취수준이 골격대사에 미치는 영향을 보았을 때 고칼슘 식이 시 골 무기질 함량, 총 골 칼슘 함량 및 골 무게를 증가시켰으며,[103, 104] 저칼슘 식이 시 골격의 총 회분 함량뿐 아니라 대퇴골과 요추의 칼슘, 인, 총 지질 함량이 감소하였다고 한다.[38] 또한 정혜경 등[28]은 쥐를 대상으로 한 실험에서 칼슘과 인의 섭취비율이 1:1일 때 대퇴골의 골밀도가 가장 높았고, 칼슘:인의 섭취비율이 1:0.5인 군에서 가장 바람직한 칼슘 및 골격 대사 상황을 확인하고 칼슘과 인의 섭취비율이 골밀도에 영향을 미치는 주요 요인이라 하였으며, 최미자와 조현주[105]의 연구에서는 식염의 섭취가 높을수록 대퇴골의 골밀도와 골 무기질 함량이 낮아진다고 하였다.

동물실험 이외에 사람을 대상으로 한 연구에서도 칼슘의 섭취수준이 골밀도 수준에 영향을 미치는 것으로 보고되어 왔다. Dawson -Hughes 등[42]과 Reid 등[101]이 폐경 후 여성을 대상으로 행한 연구에 의하면 2년 동안 칼슘 보충 시 모든 부위의 골 손실이 지연되어 골밀도가 유지될 수 있는 것으로 나타났고, Chapuy 등[102]이 프랑스 노인을 대상으로 18개월 동안 칼슘 보충의 효과를 실험한 연구에서는 칼슘 보충군의 대퇴골 골밀도가 2.7% 증가하였고, 엉덩이 골절은 43% 낮아지는 것으로 나타났다. 이는 Guillemant 등[106]이 젊은 남자를 대상으로 칼슘 섭취의 효과를 분석한 연구에서도 칼슘 보충 후 혈청 iPTH의 농도가 유의적으로 감소하였으며, 뇨 중 CTx(C-telopeptide)는 감소하였고, 혈중 CTx는 섭취 후 3시간 뒤 34.7%로서 비교군보다 높은 것으로 나타났다. 연구자들은 칼슘 보충 시 혈중 iPTH 분비를 저하시킴으로써 골 흡수가 억제되는 것으로 보았으며 동시에 고농도의 칼슘 섭취 시 에스트로겐과 칼시토닌의 농도를 유지시켜줌으로써 골질량에 긍정적인 영향을 미칠 수 있다고 하였다.[107] 이와 같이 칼슘 보충이 혈청 PTH,[106, 108, 109] 1,25-(OH)$_2$-비타민 D$_3$,[108] 골 alkaline phosphatase 및 골 재흡수 makers(hydroxyproline, pyridinoline, deoxypyridinoline)[109] 들을 감소시킴으로써 골밀도를 유지하거나 증가시킬 수 있다는 주장들이 제기되어 왔다.

칼슘 이외에 다른 몇 가지 영양소들도 골밀도에 영향을 미칠 수 있다고 한다. Munger 등[110]이 폐경기 여성을 대상으로 골반 골절에 영향을 미치는 인자를 조사한 결과 총 단백질 섭취량과 식물성 단백질 섭취량은 골반 뼈의 골절을 증가시키는 것으로 나타났고, 동물성 단백질 섭취량은 엉덩이뼈의 골절을 감소시키는 효과가 있는 것으로 나타났다. 그러나 Itoh 등[111]이 일본인을 대상으로 한 연구에서는 황을 포함한 아미노산이 풍부한 동물성 단백질의 과잉 섭취 시 뇨 중 칼슘의 배설량을 증가시킴으로써 골질량을 감소시킬 수 있는 것을 보았다. 또한 성장기 쥐를 대상으로 한 실험[26, 27, 112]에서 고단백식이는 골격의 무게, 골 무기질 함량, 골 칼슘의 함량을 높일 수 있는 것으로 나타났으나, 난소절제한 쥐의 경우 고단백식이는 뇨 중 칼슘 배설량 증가, 칼슘 흡수율 감소 등 칼슘 균형의 악화를 유발시키며, 견갑골, 척추뼈의 칼슘 함량 감소, 칼슘/체중, 칼슘/회분 등의 비율을 감소시키는 등 골격 손실을 증가시켰다[113]고 한다.

단백질 중에서 두류 단백질은 대퇴골 및 요추의 골밀도를 증가시키고 골 손실을 감소시킨다고 하는 연구결과들이 최근 보고되어 왔다.[114-119] 이는 두류에 존재하는 isoflavone이 조골세포 수를 증가시키고 혈청 내 파골세포의 농도를 감소시키며[117] 파골세포의 단백질 합성을 억제하는 효과와 관련이 있을 것으로 보고 있다.[116]

동물성 단백질 이외에 인,[46, 120] 나트륨[121] 및 비타민 A[122, 123]의 과잉섭취 시 골 무기질 함량을 낮출 수 있으며, 망간, 아연 등의 미량 무기질,[124, 125] 마그네슘[126-129]과 비타민 K[130, 131]의 섭취량이 증가될 때 골밀도를 증가시킬 뿐만 아니라 골절률을 감소시킬 수 있다고 한다.

2) 기타 요인

골밀도는 식이 요인 이외에 체질량 지수, 운동 여부, 음주, 흡연 등 여러 요인의 영향을 받는 것으로 보고되어 왔으며 유전적인 요인도 성장기 골밀도에 영향을 미칠 수 있다고 한다.[75, 132]

손호영[132]은 최대골질량에 영향을 미치는 일차적인 결정요인으로 유전적인 요인을 들고 있다. 즉, 가족력에 따른 골다공증의 발생률 증가, 일란성 쌍생아에서 볼 수 있는 유사한 골다공증 발생률 및 종족에 따른 골밀도의 차이 등을 통해서 유전적인 영향을 확인할 수 있다고 하였고, Flicker 등[133]은 10세와 비교하여 89세 쌍생아의 골반 골절에 대한 위험률 증가는 10%로서 가족력과 관련이 있다고 하였다. 또한 골질량에 대한 유전적 영향을 평가하기 위해 모녀간의 골질량에 대한 상관관계를 분석하였을 때 전형적으로 낮은 골질량을 갖는 어머니와 마찬가지로 딸의 골질량도 낮았다[66]고 한다.

인종에도 골밀도에 차이가 있는 것으로 조사되고 있다. 북아메리카에 거주하는 흑인이 백인보다 radial 골질량은 10% 정도, radial 골밀도는 5% 정도 높다고 하는 보고가 있으며,[75, 134-138] 성장기 아동을 대상으로 한 연구에서도 남녀 모두 흑인이 백인보다 골밀도가 높았다고 한다.[136-138] 또한 여자보다는 남자의 골밀도가 높은 것으로 나타나[136, 138, 139] 성별에 따라 차이가 있는 것으로 보고하고 있다.

적절한 운동과 체중 유지도 골밀도에 영향을 미치는 중요한 요인인 것으로 보고되고 있다. 남녀 모두에게서 체중이 증가될 때 골 손실률을 낮춘다고 하며,[140, 141] 다이어트에 의한 체중 감소 시 골밀도가 감소되고,[142, 143] 특히 폐경 후 체중 변화는 골밀도에 더 큰 영향을 미친다고 한다.[144-146] 또한 leptin 결핍(ob/ob)과 leptin-receptor 결핍(db/db)에 의해 비만이 유도된 쥐를 대상으로 골밀도를 측정하였을 때 정상 쥐보다 골밀도가 높은 것이 발견되었다.[147] Ducy 등[148]에 의하면 골 형성이 ob/ob 쥐에서 $60 \sim 70\%$ 증가하였고, db/db 쥐에서는 40% 증가하였다고 하여 leptin 결핍 시 조골세포의 기능은 증가하고 파골세포의 기능은 감소함을 확인하였다.

Unsi-Rasi 등[149]과 Friedlander 등[150]은 하중을 싣는 육체적 활동을 했을 때 대퇴경부의 골밀도가 5% 정도 증가하는 것을 확인하였고, 하중을 싣는 육체적 활동과 높은 칼슘섭취를 병행한 경우에는 총 골질량이 증가한다고 보고하였다. Fehily 등[31]도 사춘기 남녀 모두에게서 체중과 스포츠 활동이 골밀도와 양의 관계가 있었고, 다중회귀분석 결과에서 체중과 스포츠활동은 식이보다 더 강한 결정인자인 것으로 나타났다고 하였다. 또한 운동선수들과 일반인의 골밀도를 비교해 보았을 때 축구선수들의 경우 일반인보다 총 골질량은 18.0% 정도 높았고, 골밀도는 12.3% 정도 증가하였다고 하며,[151] 발레 무용수의 경우 체중을 지지하는 부위의 골밀도가 일반인보다 높은 것으로 조사되었다.[152] 국내 연구에서도 수영이나 유산소 운동이 골밀도 및 골질량을 유의적으로 증가시켰다고 하였고,[153-155] 골밀도와 유산소 운동과의 상관관계는 0.79로 매우 높은 상관성이 있는 것으로 나타났다.[153] 그러나 한상철[156]은 26~42세의 폐경 전 여자를 대상으로 30주 동안 운동을 시킨 후 골밀도를 비교해 보았을 때 대조군과 운동군 사이에 통계적으로 유의한 차이가 없음을 확인하고 단기간의 운동이 골밀도에 큰 영향을 미치지 않는다고 하였다.

이외에 음주,[31-34, 140] 흡연,[31-34, 140, 157, 158] 카페인의 과다 섭취,[159, 160] 약물복용[161] 등이 골밀도를 감소시키는 인자인 것으로 보고되어 있다. Hannan 등[140]은 67세 이상의 남녀 노인을 대상으로 골밀도에 영향을 미치는 요인을 분석하였다. 그 결과 여자의 경우 알코올 섭취 시 골밀도가 저하되었으며, 체중 증가와 에스트로겐 복용 시 골밀도의 감소가 지연되었다고 한다. 남자의 경우 흡연 시 대퇴전자부 골밀도가 낮아졌으나, 카페인 섭취, 육체적 활동, 혈청 25-OH 비타민 D 및 칼슘의 섭취와 골밀도에는 상관관계가 없었다고 하였다. Fehily 등[31]은 골밀도와 알코올 섭취 사이에 음의 상관관계가 있었고, 여성의 경우 출산경력과도 음의 상관관계가 있었다고 하였다. Krall과 Dawson-Hughes[157]도 흡연자가 비흡연자보다 대퇴골의 골밀도 손실이 크다고 하였고, 하루 20개 이상의 담배를 피우는 흡연자에게서 칼슘의 흡수율이 가장 낮았다고 하였다. 또한 Hermann 등[158]은 흡연과 요추 및 대퇴골의 골질량 사이에 음의 관련성이 있었고, 하루에 피우는 담배의 개수와 혈청 비타민 D 및 파골세포 농도 사이에 음의 상관관계를 확인하고 흡연이 혈청 25-OH 비타민 D와 파골세포의 농도를 낮춤으로써 골 손실에 영향을 미치는 것 같다고 하였다.

Ⅲ. 연구방법

1. 조사대상 및 기간

본 조사는 1998년 7월부터 1999년 1월 사이에 실시되었으며, 서울 시내에 거주하는 초등학교 2학년 학생 160명(남자 80명, 여자 80명), 고등학교 1학년과 2학년 학생 167명(남자 83명, 여자 84명), 25세~35세 사이의 성인 187명(남자 87명, 여자 100명) 및 서울과 목포에 거주하는 60세 이상의 노인 218명(남자 98명, 여자 120명), 총 732명을 대상으로 하였다(Table 1).

Table 1. Distribution of the subjects

n(%)

	Male	Female	Total
Children	80(23.0)	80(20.8)	160(21.9)
Adolescents	83(23.8)	84(21.9)	167(22.8)
Adults	87(25.0)	100(26.0)	187(25.6)
Elderly	98(28.1)	120(31.3)	218(29.8)
Total	348(100.0)	384(100.0)	732(100.0)

본 연구에서는 먼저 모든 대상자들의 골밀도를 측정하였고, 측정된 골밀도를 기준으로 하여 각 연령층별로 세 개의 group으로 분류하였다. 즉 노인과 성인의 경우 WHO에서 제시한 기준에 따라 normal, osteopenia, osteoporosis group으로 분류하였다. Normal group은 측정된 뼈의 T-score가 -1.0 이상일 때 osteopenia group은

T-score가 -1.0~-2.5 사이일 때, osteoporosis group은 T-score가 -2.5 이하일 때 각각의 group으로 분류하였다.[9] 성장기 어린이와 청소년의 경우 WHO에서 제시한 기준에 의해 골 건강 상태를 평가할 수 없기 때문에 대퇴경부 골밀도 수준에 따라 high, middle, low group으로 분류하였다. 즉, 골밀도가 상위 25%인 경우 high group으로 분류하였고, 하위 25%인 경우 low group으로 분류하였으며, 상위 25%와 하위 25%를 제외한 나머지 50%를 middle group으로 분류하였다.

2. 조사내용 및 방법

1) 식이 섭취 실태

조사대상자의 식품 및 영양소 섭취실태는 아동의 경우 어머니를 대상으로, 청소년, 성인 및 노인의 경우 설문지를 통한 개인 면담으로 조사되었다. 즉 24시간 회상법을 이용하여 조사 전날 24시간 동안 섭취한 모든 음식의 종류, 분량, 재료명을 아침, 점심, 저녁, 간식으로 나누어 조사하였다. 섭취량에 대한 조사대상자들의 기억을 돕기 위해 1회 섭취량의 음식 사진, 보통 사용하는 밥그릇, 국그릇, 반찬그릇 및 계량스푼 등을 제시하여 정확한 대답을 유도하였으며, 음식 및 식품의 눈대중량[162]을 이용하여 무게로 환산하였다. 식이 섭취 조사자료는 한국영양학회 부설 영양정보센터에서 개발한 영양평가 프로그램인 CAN PRO(Computer Aided Nutritional Analysis Program)를 이용하여 분석하였으며 개인별 1일 식품 및 영양소 섭취량을 산출하였다.

2) 체위계측

조사대상자의 신장, 허리둘레, 엉덩이둘레는 cm단위로 체중은 kg 단위로 측정하였고, 고등학생, 성인 및 노인의 경우 측정된 신장과 체중으로부터 체질량지수(Body mass index: BMI)를 산출하였다. 초등학생의 비만도(Relative body weight: RBW)는 우리나라 초등학생의 성별, 신장별 표준 체중[163]을 이용하여 구하였다. 성인과 노인의 허리둘레와 엉덩이둘레는 줄자를 이용하여 측정하였고, 두 측정치로부터 허리둘레와 엉덩이둘레비(Waist to Hip Ratio: WHR)를 구하였다.

3) 골밀도(Bone Mineral Density, BMD) 측정

골밀도는 이중에너지 방사선 골밀도 측정기(Dual energy X-ray absorptiometry, DEXA)를 이용하여 측정되었으며 체중이 실리는 부위인 요추(Lumbar spine, L2~L4)와 대퇴골의 3부위 즉 대퇴경부(Femoral neck), 와드삼각부(Ward's triangle), 대퇴전자부(Trochanter)를 측정하였다.

3. 자료 처리 및 분석

1) 영양소 섭취 상태 분석

CAN PRO를 이용하여 분석된 개인의 1일 영양소 섭취량을 한국인 영양권장량[164]과 비교하여 이에 대한 백분율을 계산하였다.

개인의 영양소 적정 섭취비(Nutrient adequacy ratio: NAR)는 각 영양소의 섭취량을 한국인 영양권장량에 대한 비율로 계산하였고,[165] 1을 최고 상한치로 설정하여 1을 넘는 경우에는 1로 간주하였다. 또한 각 조사대상자의 전체적인 식이 섭취의 질을 평가하기 위해 각 영양소의 NAR을 평균한 평균적정섭취비(Mean adequacy ratio: MAR)를 계산하였다.[165] MAR 계산에 포함시킨 영양소는 한국인 영양권장량에 설정되어 있는 15가지 영양소 중 9가지 영양소였다.

◇ 영양소 적정섭취비(Nutrient adequacy ratio: NAR)

$$= \frac{영양소\ 섭취량}{영양소\ 권장량}$$

※ 1이 넘으면 1로 간주

◇ 평균적정섭취비(Mean adequacy ratio: MAR)

$$= \frac{9가지\ 영양소의\ 영양소\ 적정\ 섭취비(NAR)의\ 합}{9}$$

※ 9가지 영양소: 단백질, 칼슘, 철분, 인, 비타민 A, 티아민, 리보플라빈, 나이아신, 비타민 C

2) 자료분석 및 통계처리

  본 조사의 모든 자료를 SAS(Statistical analysis system) program 을 이용하여 분석하였다. 각 측정치의 평균과 표준편차를 구하였고 각 그룹의 유의성 검증은 GLM(Generalized Linear Model)을 이용하였 으며, 유의성이 확인되면 Tukey's studentized range test와 Student's t-test를 실시하였다. 골밀도에 영향을 미치는 체위 및 식이 요인을 찾 아내고 그 영향을 파악하기 위해 Pearson's correlation coefficient(r)를 구하였다. 그 결과 유의성이 나타난 요소들은 단계적 다중회귀분석 (Stepwise Multiple Regression Analysis)을 이용하여 분석하였다.

Ⅳ. 연구결과

1. 조사대상자의 일반사항

조사대상자의 일반적인 사항은 Table 2에 제시되어 있다. 조사대상자의 평균 연령은 아동 남녀 각각 7.7세, 청소년 남자 16.8세, 여자 15.8세, 성인 남자 29.5세, 여자 28.7세였고, 노인 남자 72.1세, 여자 68.7세였으며, 신장과 체중은 아동 남자 128.4cm, 29.5kg, 여자 127.2cm, 27.3kg, 청소년 남자 172.2cm, 64.7kg, 여자 161.6cm, 52.4kg, 성인 남자 172.5cm, 71.2kg, 여자 159.4cm, 52.7kg, 노인 남자 163.6cm, 63.0kg, 여자 150.9cm, 55.6kg이었다.

조사대상자의 비만도를 평가할 수 있는 지표인 RBW(Relative body weight)와 BMI를 보면 아동기의 평균 RBW는 남자 111.8%, 여자 109.7%로 정상범위에 속하였고, 청소년기 이후 집단의 BMI는 청소년 남자 $21.7kg/m^2$, 여자 $21.0kg/m^2$, 성인 남자 $23.9kg/m^2$, 여자 $20.7kg/m^2$, 노인 남자 $23.5kg/m^2$, 여자 $24.3kg/m^2$로 정상범위에 속하였다.

성인과 노인집단의 허리둘레와 엉덩이둘레를 보면 성인 남자는 83.2cm, 96.8cm였고, 여자 68.9cm, 91.9cm였으며, 노인 남자 88.5cm, 96.5cm, 여자 85.6cm, 96.6cm였다. 허리둘레/엉덩이둘레비는 성인 남자 0.86, 여자 0.75, 노인 남자 0.92, 여자 0.88로 성인에 비해 노인 집단의 허리둘레/엉덩이둘레비가 높았다.

Table 2. Physical characteristics of the subjects

	Children		Adolescents		Adults		Elderly	
	Male	Femlae	Male	Female	Male	Female	Male	Female
Age(year)	7.7± 0.5[1]	7.7± 0.5	16.8± 0.5	15.8± 0.5	29.5± 2.9[1]	28.7± 3.3	72.1± 6.5	68.7± 5.6
Height(cm)	128.4± 5.8	127.2± 5.8	172.2± 5.0	161.6± 4.5	172.5± 5.4	159.4± 4.8	163.6± 6.2	150.9± 5.4
Weight(kg)	29.5± 6.7	27.3± 5.4	64.7±11.0	52.4± 7.3	71.2± 9.7	52.7± 6.4	63.0± 9.9	55.6± 7.9
RBW(%)[3]	111.8±18.9	109.7±14.9	–	–	–	–	–	–
BMI(kg/m^2)[2]	–	–	21.7± 3.4	21.0± 5.1	23.9± 3.0	20.7± 2.2	23.5± 3.4	24.3± 2.9
Waist(cm)	–	–	–	–	83.2± 7.7	68.9± 5.4	88.5± 9.3	85.6± 8.0
Hip(cm)	–	–	–	–	96.8± 5.5	91.9± 4.6	96.5± 6.3	96.7±11.1
Waist/Hip ratio	–	–	–	–	0.86±0.05	0.75±0.04	0.92±0.06	0.88±0.06

1) Mean ± SD

2) Body mass index $= \dfrac{\text{weight(kg)}}{\text{height(m)}^2}$

3) Relative body weight (%) $= \dfrac{\text{body weight}}{\text{ideal body weight}} \times 100$[163]

2. 연령군별 골밀도 상태 및 식이 섭취 양상

1) 골밀도 상태

조사대상자의 골밀도를 측정한 결과는 Table 3과 같다.

대퇴경부(Femoral neck) 골밀도를 보면 남자의 경우 청소년과 성인이 각각 $1.04g/cm^2$로 아동이나 노인에 비하여 유의적으로 높았고, 여자의 경우 청소년과 성인이 각각 $0.88g/cm^2$, $0.89g/cm^2$로 아동 $0.61g/cm^2$, 노인 $0.64g/cm^2$에 비해 높았다. 대퇴전자부(Trochanter) 골밀도는 남자의 경우 성인과 청소년이 각각 $0.83g/cm^2$과 $0.86g/cm^2$로 노인과 아동에 비해 높았고 아동은 다른 연령층에 비하여 가장 낮은 골밀도 수치를 보였다. 여자의 경우 성인이 $0.77g/cm^2$로 가장 높았으며, 노인이 가장 낮은 $0.52g/cm^2$를 보였다. 와드 삼각부(Ward's triangle) 역시 남녀 모두 성인이 가장 높은 골밀도 수치를 보였고, 노인의 골밀도가 가장 낮았다. 요추 골밀도는 남자의 경우 성인이 $1.19g/cm^2$로 가장 높았고, 노인 $1.02g/cm^2$, 청소년 $0.98g/cm^2$로서 성인에 비해 유의적으로 낮았으며, 아동은 $0.69g/cm^2$로 가장 낮았다. 여자의 경우 성인이 $1.15g/cm^2$로 가장 높은 골밀도를 보였고, 아동이 $0.67g/cm^2$로 가장 낮았으며 성인과 청소년 사이에서 유의적인 차이를 보였다.

아동의 경우 연령의 기준치와 비교한 Z-score를 보았을 때 대퇴경부는 -0.02, 요추는 -0.04였다. 청소년 이후 연령층을 대상으로 최대골질량을 기준으로 한 T-score를 비교해 보면 대퇴경부의 경우 성인 남자가 0.65로 가장 높았으나 청소년 남자와 유의적인 차이는 없었고, 성인 여자보다는 높았으며, 노인 여자가 -2.46으로 가장 낮았다. 또한 노인 남자 역시 -2.16으로 매우 낮아 노인 여자와 유의적인 차이를 보이지 않았다. 청소년 여자는 -0.63으로 성인 여자 -0.10보다 낮았으나 노인 남녀보다는 높았고, 청소년 남자보다는 낮은 것으로 조사되었다. 즉, 노인을 제외한 청소년과 성인의 대퇴경부 T-score는 남녀간에 유의적인 차이를 보여 남자가 여자보다 높은 것으로 나타났다.

요추의 경우 성인 여자가 0.28로 가장 높았으나 성인 남자와 비교 시 유의적인 차이를 보이지 않았으며, 청소년 남녀와 노인 남자는 -0.56, -0.80, -0.71로 노인 여자보다 높았다. 청소년과 성인의 요추 T-score는 대퇴경부와 달리 남녀간에 차이가 없었으나, 노인의 경우 남자가 여자보다 높은 것으로 나타났다(Figure 1).

Table 3. Bone mineral density of the subjects classified by age and gender

		Male				Female			
		Children	Adolescents	Adults	Elderly	Children	Adolescents	Adults	Elderly
	Neck (g/cm^2)	0.66±0.15[3)c]	1.04±0.14[a]	1.04±0.17[a]	0.74±0.15[b]	0.61±0.13[B]	0.88±0.11[A]	0.90±0.14[A]	0.64±0.11[B]
	Z-score[1)]/T-score[2)]	−0.02±0.98	0.60±1.13	0.65±1.14	−2.16±1.30	−0.01±0.99	−0.63±0.75	−0.10±0.81	−2.46±1.19
Femur	Trochanter (g/cm^2)	0.61±0.15[c]	0.83±0.14[a]	0.88±0.15[a]	0.68±0.13[b]	0.60±0.08[C]	0.70±0.09[B]	0.77±0.20[A]	0.52±0.10[D]
	Ward's Triangle (g/cm^2)	0.66±0.18[c]	0.84±0.16[b]	0.93±0.16[a]	0.58±0.16[d]	0.63±0.13[C]	0.75±0.13[B]	0.89±0.22[A]	0.49±0.14[D]
Lumbar Spine	L2–L4 (g/cm^2)	0.69±0.07[c]	0.98±0.13[b]	1.19±0.13[a]	1.02±0.20[b]	0.67±0.08[D]	0.96±0.11[B]	1.15±0.13[A]	0.80±0.14[C]
	Z-score / T-score	−0.04±0.99	−0.56±1.00	0.03±1.04	−0.71±1.81	−0.04±0.99	−0.80±0.78	0.28±1.05	−2.32±1.26

1) The values of children group are Z-score.
   Z-score = (subject's EMD - age matched BMD) / standard deviation of age matched BMD
2) T-score = (subject's EMD - young adult BMD) / standard deviation of young adult BMD
3) Mean ± SD
a b c : Values with different superscripts in the same row of male are significantly different at α =0.05 level by Tukey's studentized range test.
A B C D : Values with different superscripts in the same row of female are significantly different at α =0.05 level by Tukey's studentized range test.

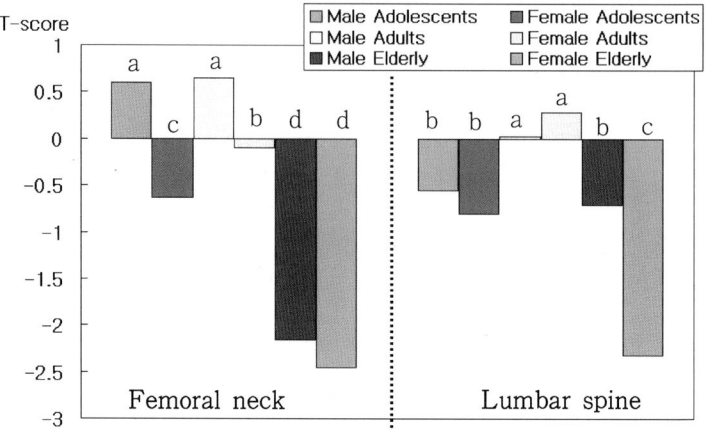

a b c d: Values with different superscripts are significantly different at
α=0.05 level by Tukey's studentized range test.

Figure 1. Comparison of T-score among groups classified by age
and gender

2) 식품 섭취량

조사대상자의 연령군별 식품 섭취량은 Table 4와 같다. 남자의 경우 1일 1인당 총 식품 섭취량은 성인이 1701.1g으로 가장 많았고, 청소년 1301.3g, 아동 1244.6g로서 성인보다 낮았으며, 노인은 931.5g으로 가장 적게 섭취하였다. 총 식물성 식품 섭취량은 성인이 887.3g으로 아동과 노인에 비해 많이 섭취하였고, 노인은 628.2g으로 다른 연령군에 비해 가장 적게 섭취하였다. 식물성 식품의 경우 곡류군, 당류군, 채소군과 과일군 섭취량이 각 연령군에 유의적인 차이가 있었고 채소류는 아동에서 가장 적게 섭취하였다. 동물성 식품은 아동 486.5g, 청소년 425.6g으로 성인과 노인에 비해 많이 섭취하였고, 노인이 190.6g으로 가장 적은 섭취량을 보였다. 각 동물성 식품의 경우 식품군에 따라 상이한 결과를 보였는데 육류는 청소년이 가장 많이 섭취하였으나 생선류는 노인이 109.5g으로 가장 높았고, 아동에 비해 2배 이상 섭취하였다. 우유 및 유제품은 아동이 296.7g 으로 다른 연령군에 비해 가장 많이 섭취하였고, 노인에 비해 평균 10배 정도 더 섭취한 것으로 나타났다. 음료와 양념류를 포함한 총 기타 식품은 성인이 471.4g로 아동, 청소년, 노인보다 많이 섭취하였 는데, 이는 음료의 섭취량이 성인에서 440.5g로 가장 높았기 때문이 다. 즉 성인이 다른 연령층에 비해 음료의 섭취량이 높은 것은 술 섭취량 때문으로 보인다.

여자의 경우 1일 1인당 총 식품 섭취량은 성인이 1247.4g으로 가 장 많이 섭취하였고 노인이 879.5g로 가장 적게 섭취하였으며, 이들 두 연령군에 유의적인 차이가 있었다. 식물성 식품 섭취량은 아동 이 655.0g로 가장 적었고 성인이 817.5g으로 아동이나 노인에 비해 많이 섭취하였다. 식물성 식품 중 곡류, 감자류, 두류, 채소류, 과일 류 및 유지류 섭취량은 각 연령군에서 유의적인 차이를 보였다. 곡 류군의 경우 청소년이 299.2g로 노인과 아동에 비해 높게 섭취하였 고, 감자류는 아동이 53.9g로 성인과 노인에 비해 많이 섭취하였다. 두류는 청소년이 38.2g로 다른 연령군에 비해 높은 섭취량을 보였 으며, 채소류는 아동의 섭취량이 가장 적었고, 과일류는 성인에서 가장 많은 섭취량을 보였다. 동물성 식품 섭취량은 아동 434.3g, 청 소년 339.8g, 성인 329.2g, 노인 160.4g으로 아동들이 다른 연령에 비해 유의적으로 높게 섭취하였다. 동물성 식품 중 육류, 우유 및 유제품은 아동이 노인에 비해 많이 섭취하는 것으로 나타났으나, 어패류는 아동보다는 노인이 많이 섭취하였다.

남녀 모두 우유 및 유제품 섭취량은 연령 증가와 함께 감소하였고 아동에서 우유 및 유제품의 섭취량이 가장 높았다. 또한 식물성, 동물성 식품 이외의 기타 식품군은 남녀 모두 성인 연령군이 가장 많이 섭취하였는데 이는 성인군이 다른 연령군에 비해 음료, 특히 술의 섭취량이 많았기 때문이었다.

Table 4. Food intake among groups classified by age and gender

(g/day)

Plant Foods	Male				Female			
	Children	Adolescents	Adults	Elderly	Children	Adolescents	Adults	Elderly
Plant Foods	716.2±207.4[1)]bc	793.7±207.2[ab]	887.3±415.6[a]	628.2±242.1[c]	655.0±202.7[C]	759.8±238.1[AB]	817.5±337.6[A]	666.3±281.0[BC]
Cereals and grain products	283.6±79.3[bc]	329.8±87.4[a]	318.0±109.6[ab]	260.8±106.5[c]	249.5±92.6[B]	299.2±81.2[A]	272.9±126.5[AB]	258.7±77.8[B]
Potatoes and starches	40.2±58.2	36.0±57.6	18.9±39.4	23.3±78.4	53.7±76.9[A]	37.8±47.6[AB]	27.1±60.0[B]	17.2±58.6[B]
Sugars and sweets	7.9±12.1[ab]	7.0±8.5[b]	10.9±11.7[a]	2.6±5.2[c]	6.4±8.9	10.4±10.3	10.1±9.9	7.3±47.8
Legumes and their products	33.6±75.3	36.6±40.4	33.3±54.2	29.7±37.4	20.7±28.6[B]	38.2±43.4[A]	20.5±31.4[B]	23.8±38.7[B]
Seeds and nuts	4.7±23.2	1.6±6.1	2.3±8.3	1.6±10.9	4.42±5.5	4.3±30.8	1.2±3.7	2.0±8.3
Vegetables	191.3±89.0[c]	294.1±117.6[a]	271.1±108.6[ab]	248.2±119.6[b]	165.7±78.7	248.6±109.5[A]	207.9±138.4[AB]	236.2±118.1[A]
Mushrooms	2.6±8.8	1.8±7.8	1.7±5.2	0.4±2.3	1.6±6.1	2.1±8.8	2.0±6.7	0.4±1.9
Fruits	141.4±141.7[b]	73.0±102.5[bc]	218.9±333.1[a]	47.8±118.8[c]	140.9±149.4[B]	102.2±96.4[B]	263.3±285.3[A]	114.1±195.9[B]
Seaweeds	2.5±4.5	3.8±12.2	3.4±10.6	3.6±6.9	3.4±9.3	5.0±17.7	3.6±17.0	2.2±5.9
Oils and fats	8.3±5.0	10.1±6.0	8.7±6.4	10.1±53.0	8.7±5.2[B]	12.1±10.0[A]	8.9±7.1[B]	4.4±5.2[C]

〈continued〉

Table 4 〈continued〉

	Male				Female			
	Children	Adolescents	Adults	Elderly	Children	Adolescents	Adults	Elderly
Animal Foods	486.5±188.9[a]	425.6±200.8[ab]	342.5±263.0[b]	190.6±166.2[c]	434.3±233.3[A]	339.8±170.0[B]	329.2±233.0[B]	160.4±192.9[C]
Meat, poultry and their products	86.8±76.3[b]	121.0±64.4[a]	97.4±112.3[ab]	43.6±46.9[c]	85.1±110.9[A]	92.5±55.6[A]	69.2±99.6[A]	32.6±47.9[B]
Eggs	51.8±44.1[a]	39.4±38.8	41.1±55.3	7.7±20.0[b]	39.0±38.9[A]	43.5±34.2[A]	26.0±41.0[AB]	10.2±63.0[B]
Fishes and shell fishes	42.5±39.5[b]	71.1±67.9[b]	67.4±83.2[b]	109.5±130.7[a]	33.8±34.2[B]	69.0±58.9[AB]	57.7±58.7[AB]	83.6±150.0[A]
Milks and dairy products	296.7±178.9[a]	190.4±172.6[b]	130.7±203.4[b]	29.6±96.0[c]	265.5±170.3[A]	134.9±144.3[A]	168.0±185.9[B]	34.0±74.4[C]
Ready-to-cook products	8.8±35.1	3.7±32.9	5.8±24.4	0.1±1.0	10.9±31.0[A]	0.0±0.0[B]	8.2±49.3[AB]	0.0±0.2[B]
Other Foods	41.9±40.5[b]	82.0±87.4[b]	471.4±707.5[a]	112.7±129.6[b]	28.6±25.3[B]	71.3±77.2[A]	100.7±156.4[A]	52.8±188.4[AB]
Beverage[2]	12.3±39.4[b]	51.3±84.5[b]	440.5±704.4[a]	86.6±128.4[b]	6.6±23.4[B]	36.5±73.0[AB]	75.6±152.8[A]	30.8±183.7[AB]
Seasonings	29.6±15.8	30.8±19.2	29.7±18.7	26.1±17.6	22.0±11.0[B]	34.8±29.8[A]	24.7±17.4[B]	20.3±14.5[B]
Total	1244.6±256.1[b]	1301.3±313.0[b]	1701.1±860.4[a]	931.5±312.1[c]	1117.9±330.5[A]	1170.9±325.2[A]	1247.4±497.8[A]	879.5±425.7[B]

1) Mean ± SD
2) Beverage includes soft drink, tea and alcoholic drink.
a b c : Values with different superscripts in the same row of male are significantly different at α=0.05 level by Tukey's studentized range test.
A B C : Values with different superscripts in the same row of female are significantly different at α=0.05 level by Tukey's studentized range test.

3) 영양소 섭취량

각 연령군별 1일 1인당 영양소 섭취량은 Table 5와 같다. 남자의
경우 모든 영양소 섭취량이 연령군에 유의적인 차이가 있었으며,
성인과 청소년의 영양소 섭취량이 대체로 많았고 노인이 가장 적게
섭취하였다. 에너지 섭취량은 성인 2228.4kcal, 청소년 2073.2kcal,
아동 1856.3kcal, 노인 1516.2kcal로서 노인이 낮았고, 단백질은 청소
년 86.6g, 성인 80.9g으로 아동과 노인에 비해 높게 섭취하였으며,
노인은 63.7g으로 가장 적게 섭취하였다. 칼슘은 아동 635.5mg, 청
소년 594.1mg, 성인 554.2mg, 노인 456.4mg으로 아동이 가장 많이
섭취하였고, 노인이 가장 적게 섭취하였다. 또한 아동들은 식물성
칼슘보다는 동물성 칼슘의 섭취량이 많았으나, 성인과 노인의 경우
동물성 칼슘보다는 식물성 칼슘의 섭취량이 약간 높거나 거의 비슷
한 수준이었다. 칼슘과 인의 섭취비를 보면 아동군이 0.54로 가장
높아, 청소년, 성인 및 노인 연령군 모두와 유의적인 차이를 보였다.
여자의 경우도 남자와 같이 노인에서 대부분의 영양소 섭취량이
다른 연령군에 비해 가장 낮았다. 1일 1인당 에너지 섭취량은 청소
년 1882.9kcal, 성인 1774.9kcal, 아동 1641.8kcal, 노인 1370.9kcal 순
으로서 청소년이 아동과 노인의 섭취량에 비해 유의적으로 높았다.
노인의 단백질 섭취량은 55.2g로서 가장 적었고, 이들은 동물성 단
백질보다는 식물성 단백질을 다소 많이 섭취하였다. 이에 비해 아
동, 청소년, 성인군의 동물성 단백질 섭취량은 식물성 단백질 섭취
량보다 높았다. 지방 섭취량 역시 노인이 성인, 청소년, 아동보다 유
의적으로 낮았다. 칼슘 섭취량은 성인에서 542.6mg으로 가장 높았
으나, 청소년이나 아동과 유의적인 차이는 없었고, 노인과는 유의적

인 차이를 보였다. 동물성 칼슘과 식물성 칼슘의 섭취를 보면 아동
군의 경우 동물성 칼슘 섭취량이 식물성 칼슘 섭취량보다 평균 2배
정도 많았으나, 노인군의 경우 동물성 칼슘보다는 식물성 칼슘 섭취
량이 높았다. 또한 칼슘과 인의 섭취비를 보면 아동군과 성인군은
각각 0.55, 0.51로서 0.5 이상의 값을 보인 반면 청소년군과 노인군
은 모두 0.45로서 인의 섭취량이 칼슘 섭취량의 2배 이상이었다.

에너지 섭취량에 대한 CPF ratio를 보면 남녀 모두 노인 연령군
에서 탄수화물로부터 섭취한 에너지 비가 높았고, 지방으로부터 섭
취한 에너지 비는 다른 연령군에 비해 유의적으로 낮았다. 즉, 노인
의 CPF ratio는 남자 68.0:16.3:15.7, 여자 70.3:15.4:14.3으로 에너
지 섭취량 중 탄수화물에 의존하는 비가 높은 반면 아동, 청소년,
성인의 경우 탄수화물에 의존하는 비율은 낮고 지방에 의존하는 비
가 높았다. 성인 남자를 제외한 아동, 청소년, 성인 여자의 탄수화
물 에너지 섭취비가 60% 이하였고, 지방 에너지 섭취비는 아동, 청
소년, 성인 남녀 모두 24% 이상이었다.

조사대상자의 영양소 섭취량을 한국인 영양권장량과 비교한 결과
는 Figure 2와 같다. 영양권장량에 대한 섭취비율을 보면 단백질,
인, 비타민 C는 모든 연령의 남녀가 권장량 이상 섭취하였으며, 모
든 영양소에서 각 연령군에 유의적인 차이를 보였다. 전반적으로
아동 남자의 경우 칼슘을 제외한 모든 영양소가, 아동 여자는 에너
지, 칼슘 및 철을 제외한 모든 영양소 섭취가 권장량을 넘는 것으
로 나타났으며, 대부분의 영양소 섭취가 청소년, 성인, 노인에 비해
높았고, 노인의 영양소 섭취가 유의적으로 낮았다. 에너지는 아동
남자가 103.1%로 가장 높았고, 청소년 남자 76.8%, 노인 남자
77.7%로 다른 연령군에 비해 낮았으며, 아동 여자, 청소년 여자, 성

인 남녀는 비슷한 수준이었다. 단백질의 경우 아동 남자가 186.3%
로 높았으며, 노인 남자가 100%로 가장 낮았으나, 모든 연령층에서
권장량 이상으로 섭취하였다. 무기질 중 칼슘은 모든 연령군에서
권장량 이하로 섭취하는 영양소였으며, 아동 남자가 90.8%로 청소
년 남녀와 노인 남녀보다 높았으며, 성인 남자와 청소년 여자 사이
에서도 유의적인 차이를 보였다. 철은 아동 남자와 성인 남자에서
권장량 이상 섭취하였으며, 청소년 남녀와 성인 여자 및 노인 남녀
보다 높았고, 성인만이 남녀간에 차이가 있었을 뿐 아동, 청소년,
노인의 경우 남녀간에 유의적인 차이는 없었다. 비타민 A의 경우
아동 남자가 158.6%로 가장 높았고, 아동 여자, 청소년 남녀 및 성
인 남자는 노인 남녀에 비해 높았다. 리보플라빈 역시 아동 남자가
유의적으로 가장 높았으며, 노인 여자가 유의적으로 가장 낮았다.
또한 아동 여자는 아동 남자보다 유의적으로 낮았으나 다른 연령군
에서 비해 높았고, 청소년 여자와 성인 남녀는 노인 남녀에 비해
유의적으로 높게 섭취하고 있었다.

영양소 섭취 상태에 대한 질을 평가할 수 있는 NAR과 MAR을
보면 아동 남자가 모든 영양소의 NAR값이 높았으며, 칼슘과 비타
민 C를 제외한 모든 영양소에서 0.9 이상이었으며, MAR 역시 0.94
로서 상당히 높은 값을 나타냈다. 여자 아동의 경우 칼슘을 제외한
다른 영양소의 NAR값이 모두 0.8 이상이었으나, 남자 아동에 비해
에너지, 칼슘, 철, 비타민 C는 유의적으로 낮았다. 남자 노인의 경우
칼슘, 철분, 비타민 A, 리보플라빈의 NAR이 0.7 이하 수준이었고,
여자 노인의 경우 칼슘, 비타민 A, 리보플라빈의 NAR은 0.6 이하
로서 남자보다도 낮은 수준이었다. 각 영양소의 NAR값을 보면 에
너지의 경우 아동 남자가 청소년, 성인 및 노인 남녀에 비해 높았

고, 청소년 남자와 노인 여자가 각각 0.76으로 가장 낮았다. 단백질
의 경우 아동 남녀에 비해 성인과 노인 남녀가 낮았으며, 노인 남
녀는 0.81, 0.80으로 성인보다도 더 낮았다. 칼슘은 남녀 모두 아동
과 성인군을 제외한 두 연령군에서 0.7 이하의 낮은 수치를 보였고,
아동 남자가 다른 연령군에 비해 높았으며, 노인 여자가 0.54로 유
의적으로 가장 낮았다. 철의 경우 아동 남자가 성인 남자를 제외한
모든 연령군에 비해 높았으며, 성인 여자가 0.61로 가장 낮았다. 비
타민 A의 경우 남자 아동이 0.92로 성인 남자 및 노인 남녀에 비해
높았고, 리보플라빈은 아동 남녀가 0.97, 0.88로 높았으며, 청소년과
성인 남녀는 노인 남녀에 비해 유의적으로 높았다. MAR 역시 아
동 남자가 높았고, 노인 남녀가 0.73과 0.69로 가장 낮았다. 즉, 노
인군의 영양섭취 상태가 다른 연령군에 비해 불량하였으나, 아동,
청소년, 성인의 MAR값은 0.8 이상으로 비교적 양호한 상태였다
(Table 6).

Table 5. Daily nutrient intake among groups classified by age and gender

	Male				Female			
	Children	Adolescents	Adults	Elderly	Children	Adolescents	Adults	Elderly
Energy (kcal)	1856.3±288.6[1)b]	2073.2±454.4[a]	2228.4±661.3[a]	1516.2±424.1[c]	1641.8±416.3[c]	1882.9±427.0[B]	1774.9±561.7[AB]	1370.9±440.7[C]
Protein (g)	74.5±15.1[b]	86.6±24.3[a]	80.9±28.2[ab]	63.7±60.0[c]	62.3±18.3[B]	76.7±20.9[A]	68.2±27.3[A]	55.2±32.7[C]
Animal protein (g)	42.8±14.5[a]	49.3±18.5[a]	43.4±26.2[a]	33.6±27.4	36.1±14.8[A]	41.8±15.4[A]	36.2±23.8[A]	25.2±28.3[B]
Vegetable protein (g)	31.8±7.7[b]	37.3±10.2[a]	37.5±14.6[a]	30.2±9.4[b]	26.2±7.9[C]	34.8±10.8[A]	32.0±12.6[AB]	30.1±9.5[BC]
Fat (g)	53.7±16.4[a]	56.9±18.1[a]	60.3±27.8[a]	27.8±16.7	46.5±19.9[B]	54.7±16.5[A]	51.0±23.5[AB]	23.2±15.4[C]
Carbohydrate (g)	269.0±51.6[b]	303.1±60.6[a]	313.6±87.9[a]	227.7±61.6[c]	244.1±61.7[BC]	272.1±65.6[B]	261.7±81.3[AB]	232.2±64.8[C]
Ca (mg)	635.5±214.5[a]	594.1±254.3[a]	554.2±261.4[a]	456.4±234.8	536.7±211.7[A]	511.4±216.5[A]	542.6±262.7[AD]	387.6±214.9[B]
Animal Ca (mg)	428.2±194.6[a]	344.4±225.4[a]	272.6±226.1[bc]	225.1±199.9[c]	357.7±188.4[A]	271.6±186.2[B]	325.4±252.8[AB]	179.3±167.2[C]
Vegetable Ca (mg)	207.3±77.0[c]	249.7±87.6[ab]	281.6±133.2[a]	231.4±118.8[b]	179.0±74.7[B]	239.9±112.4[A]	217.2±92.8[A]	208.3±101.2[AB]
P (mg)	1163.1±249.5[b]	1327.2±393.2[a]	1220.7±423.9[ab]	966.1±372.2[c]	976.2±292.6[BC]	1125.3±328.3[A]	1057.2±379.5[AB]	873.7±432.3[C]
Ca/P ratio	0.54±0.12[a]	0.44±0.11[b]	0.45±0.13[b]	0.48±0.17[b]	0.55±0.17[A]	0.45±0.12[B]	0.51±0.14[A]	0.45±0.15[B]
Fe (mg)	10.5±2.8[a]	12.0±4.0[ab]	14.8±16.8[a]	8.6±3.5[b]	8.9±2.8[BC]	10.7±3.3[A]	10.2±4.8[AB]	8.3±4.2[C]
Vitamin A (RE)	793.0±432.9[a]	720.3±341.3[a]	775.9±417.0[a]	503.1±352.2[b]	587.2±334.5[A]	733.0±382.2[A]	679.3±548.7[A]	425.8±292.2[B]
Thiamin (mg)	1.5±0.6[a]	1.4±0.4[a]	1.5±0.9[a]	0.9±0.3[b]	1.3±0.6[A]	1.3±0.4[A]	1.2±0.7[A]	0.9±0.6[B]
Riboflavin (mg)	1.5±0.4[a]	1.3±0.4[b]	1.3±0.6[ab]	0.8±0.4[c]	1.2±0.5[A]	1.1±0.4[A]	1.0±0.5[B]	0.7±0.5[C]
Niacin (mg)	15.3±6.6[bc]	18.5±5.7[a]	16.9±8.1[ab]	13.3±6.9[c]	13.3±6.0[AB]	15.6±5.2[A]	13.8±6.9[AB]	12.0±6.8[B]
Vitamin C (mg)	73.2±43.0	87.5±41.6	76.9±38.9	71.3±54.6	64.4±35.8[B]	99.7±52.8[A]	75.9±49.8[B]	70.9±51.1[B]
Carbohydrate energy percent	57.9±7.2[c]	59.1±5.3[bc]	61.3±8.9[a]	68.0±10.4[a]	59.9±8.3[B]	57.7±5.8[B]	59.6±8.9[AB]	70.3±10.1[A]
Protein energy percent	16.1±2.6[a]	16.6±2.2[a]	14.6±3.1[b]	16.3±5.2[a]	15.2±2.4	16.3±2.4	15.3±3.2	15.4±4.9
Fat energy percent	25.9±6.2[a]	24.3±4.3[a]	24.1±7.5[a]	15.7±6.9[b]	24.9±7.1[A]	26.1±4.9[A]	25.0±7.7[A]	14.3±6.6[B]

1) Mean ± SD
a b c : Values with different superscripts in the same row of male are significantly different at α=0.05 level by Tukey's studentized range test.
A B C : Values with different superscripts in the same row of female are significantly different at α=0.05 level by Tukey's studentized range test.

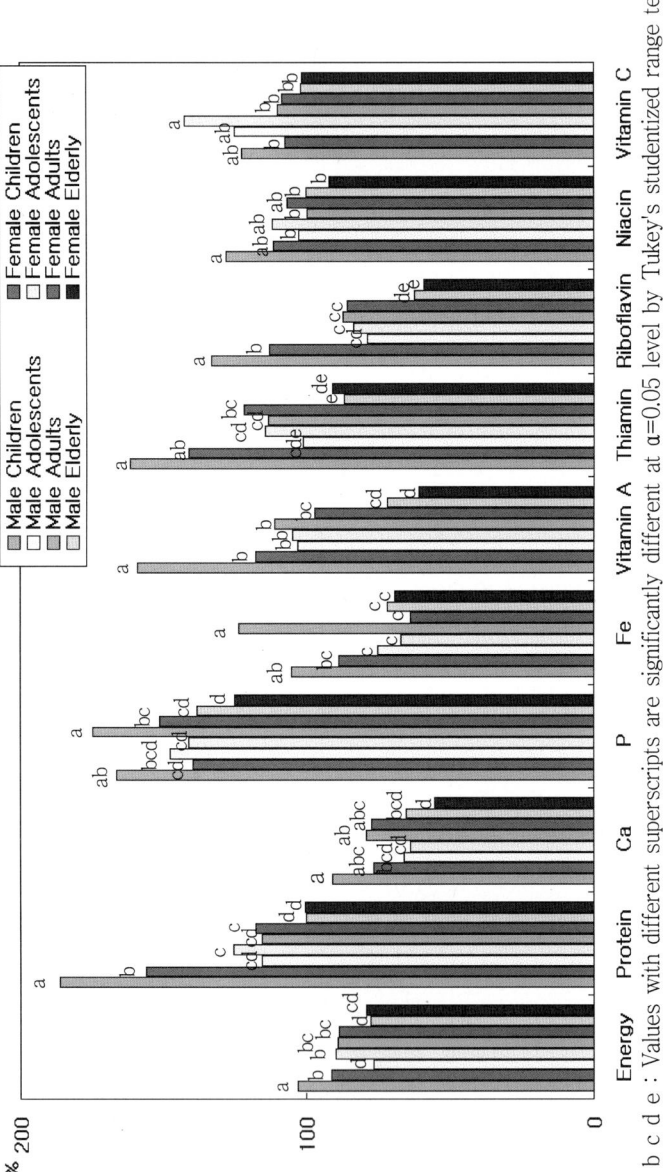

Energy Protein Ca P Fe Vitamin A Thiamin Riboflavin Niacin Vitamin C

a b c d e : Values with different superscripts are significantly different at α=0.05 level by Tukey's studentized range test.

Figure 2. Comparison of percent RDA among groups classified by age and gender

Table 6. NAR and MAR among groups classified by age and gender

	Male				Female			
	Children	Adolescents	Adults	Elderly	Children	Adolescents	Adults	Elderly
Energy[1]	$0.95\pm0.08^{3)a}$	0.76 ± 0.16^{c}	0.83 ± 0.16^{bc}	0.76 ± 0.19^{c}	0.86 ± 0.16^{b}	0.85 ± 0.14^{b}	0.82 ± 0.17^{bc}	0.76 ± 0.21^{c}
protein	1.00 ± 0.00^{a}	0.93 ± 0.11^{abc}	0.91 ± 0.14^{bc}	0.81 ± 0.22^{d}	0.98 ± 0.07^{ab}	0.96 ± 0.09^{abc}	0.91 ± 0.14^{c}	0.80 ± 0.25^{d}
Ca	0.82 ± 0.18^{a}	0.64 ± 0.25^{bcd}	0.71 ± 0.23^{bc}	0.61 ± 0.25^{cd}	0.73 ± 0.24^{ab}	0.62 ± 0.24^{bcd}	0.70 ± 0.22^{bc}	0.54 ± 0.25^{d}
P	1.00 ± 0.00^{a}	0.98 ± 0.06^{ab}	1.00 ± 0.03^{a}	0.93 ± 0.16^{bc}	0.97 ± 0.09^{ab}	0.97 ± 0.08^{ab}	0.98 ± 0.07^{ab}	0.89 ± 0.19^{c}
Fe	0.92 ± 0.12^{a}	0.73 ± 0.20^{c}	0.86 ± 0.23^{ab}	0.69 ± 0.24^{cd}	0.82 ± 0.18^{b}	0.66 ± 0.18^{cd}	0.61 ± 0.21^{d}	0.65 ± 0.26^{cd}
Vitamin A	0.92 ± 0.16^{a}	0.82 ± 0.25^{ab}	0.83 ± 0.23^{ab}	0.62 ± 0.33^{c}	0.82 ± 0.24^{ab}	0.83 ± 0.20^{ab}	0.74 ± 0.26^{b}	0.55 ± 0.31^{c}
Thiamin	0.98 ± 0.06^{a}	0.89 ± 0.16^{bc}	0.85 ± 0.19^{cd}	0.78 ± 0.22^{d}	0.93 ± 0.13^{ab}	0.93 ± 0.13^{ab}	0.88 ± 0.16^{bc}	0.78 ± 0.22^{d}
Riboflavin	0.97 ± 0.08^{a}	0.76 ± 0.21^{b}	0.77 ± 0.23^{b}	0.58 ± 0.27^{c}	0.88 ± 0.19^{a}	0.78 ± 0.20^{b}	0.74 ± 0.25^{b}	0.53 ± 0.28^{c}
Niacin	0.94 ± 0.12^{a}	0.88 ± 0.17^{abc}	0.81 ± 0.21^{cd}	0.80 ± 0.23^{cd}	0.87 ± 0.18^{abc}	0.91 ± 0.15^{ab}	0.84 ± 0.18^{bcd}	0.77 ± 0.24^{d}
Vitamin C	0.86 ± 0.22^{a}	0.90 ± 0.17^{a}	0.83 ± 0.21^{ab}	0.73 ± 0.27^{b}	0.82 ± 0.23^{ab}	0.89 ± 0.21^{a}	0.79 ± 0.25^{ab}	0.75 ± 0.28^{b}
MAR[2]	0.94 ± 0.07^{a}	0.84 ± 0.13^{bc}	0.84 ± 0.13^{bc}	0.73 ± 0.19^{d}	0.88 ± 0.12^{ab}	0.84 ± 0.12^{bc}	0.80 ± 0.15^{c}	0.70 ± 0.21^{d}

1) NAR : nutrient adequacy ratio
2) MAR : mean adequacy ratio
3) Mean ± SD
a b c d : Values with different superscripts in the same row are significantly different at α = 0.05 level by Tukey's studentized range test.

3. 골격 건강 상태에 따른 골밀도 및 식이 섭취 양상

1) 골격 건강 상태에 따른 조사대상자 분포 및 골밀도

대퇴경부 골밀도 수준에 따라 분류된 연령군별 조사대상자들의 분포 및 골밀도는 Table 7과 같다.

본 연구에서는 골격부위 중에서 대사활성이 높은 것으로 알려진[3] 대퇴경부 골격 건강 상태에 따라 조사대상자를 분류하였다. 즉, 조사대상자의 대퇴경부 골밀도를 기준으로 하여 아동과 청소년의 경우 골밀도가 상위 25%인 경우 high group으로 분류하였고, 하위 25%인 경우 low group으로 분류하였으며, 상위 25%와 하위 25%를 제외한 나머지 50%를 middle group으로 분류하였다.

이 분류기준에 따른 아동 남자의 각 group별 골밀도 범위를 보면 high group은 $0.746g/cm^2$ 이상이었고, middle group은 $0.619g/cm^2 \sim 0.746g/cm^2$, low group은 $0.619g/cm^2$ 이하였으며, 아동 여자의 경우 high group은 $0.6985g/cm^2$ 이상, middle group은 $0.555g/cm^2 \sim 0.6985g/cm^2$, low group은 $0.555g/cm^2$ 이하였다. 이들 범위 내 평균 골밀도를 보면 아동 남녀 모두 high group이 middle group과 low group보다 높았으며, high group이 남자 $0.81g/cm^2$, 여자 $0.77g/cm^2$였다. 아동 남녀의 Z-score 역시 high group이 middle group과 low group보다 높았다. 아동 남자의 Z-score는 high group 이 0.94로서 middle group 0.19, low group -1.32보다 유의적으로 높았고, 아동 여자의 Z-score 역시 1.09로 middle group이나 low group보다 높았다.

청소년의 경우 남자 각 group별 골밀도 범위를 보면 high group

은 $1.149g/cm^2$ 이상이었고, middle group은 $0.959g/cm^2 \sim 1.149g/cm^2$ 사이였으며, low group은 $0.959g/cm^2$ 이하였다. 또 청소년 여자의 경우 high group은 $0.9435g/cm^2$ 이상, middle group은 $0.8155g/cm^2 \sim 0.9435g/cm^2$, low group은 $0.8155g/cm^2$ 이하였다. 이들 범위 내 각 group의 평균 골밀도를 보면 남녀 모두 high group이 가장 높았으며, low group이 가장 낮았다. 즉 남자의 골밀도는 high group $1.22g/cm^2$, low group $0.87g/cm^2$ 이었으며, 여자의 경우 high group 의 골밀도는 각각 $1.02g/cm^2$였으나, middle group은 $0.88g/cm^2$, low group은 $0.75g/cm^2$였다. T-score 역시 남녀 모두 high group이 middle group이나 low group보다 높았다.

노인과 성인은 WHO에서 제시한 기준에 근거하여 normal, osteopenia, osteoporosis group으로 분류되었다. 성인 남녀의 대퇴경부 골밀도는 normal group으로 분류된 조사대상자가 85% 이상으로 대부분 정상에 속하였으며, osteoporosis로 판정된 경우는 없었고, osteopenia로 판정된 경우는 남자 5.7%였고, 여자 11.0%로 조사되었다. 노인의 경우 성별에 따라 골격 건강 상태에 차이를 보여 남자 14.3%, 여자 8.3%만이 정상으로 판정되었고, 남자 47.9%와 여자 44.2%는 osteopenia였으며, 남자 37.8%와 여자 47.5%는 osteoporosis 로서 노인 조사대상자의 대부분이 골감소 증상을 보이고 있으며 이 중 37% 이상의 노인이 골다공 증상을 보였으며 남자에 비해 여자의 골격 건강 상태가 더 나쁜 것으로 조사되었다.

WHO기준에 따라 분류된 각 group의 골밀도를 보면 성인의 경우 대퇴경부 골밀도는 남녀 모두 normal group이 osteopenia group 보다 높았다. 남자의 경우 normal group의 골밀도와 T-score는 $1.05g/cm^2$, 0.76이었고, osteopenia group에서는 $0.82g/cm^2$, -1.10으로 조사되었다. 여자의 경우 골밀도와 T-score는 normal group이

0.92g/cm^2, 0.05로 osteopenia group의 0.75g/cm^2, -1.29보다 높았다.

노인의 경우 남녀 모두 normal group의 골밀도와 T-score가 가장 높았고, 남자의 경우 골밀도와 T-score 모두 osteoporosis group에서 0.60g/cm^2, -3.33으로 가장 낮았다. 여자의 골밀도와 T-score는 normal group이 0.85g/cm^2, -0.03으로 가장 높았고, osteoporosis group 이 0.55g/cm^2, -3.38로 가장 낮았다.

Table 7. Distribution and BMD of subjects classified by bone health status of femoral neck

		Male			Female		
		n (%)	BMD (g/cm^2)	Z-score[3]/ T-score[4]	n (%)	BMD (g/cm^2)	Z-score/ T-score
Children[1]	High	20(25.0)	0.81±0.06[5]	0.94±0.44	20(25.0)	0.77±0.06	1.09±0.49
	Middle	39(48.7)	0.69±0.04	0.19±0.27	40(50.0)	0.63±0.04	0.11±0.31
	Low	21(26.3)	0.46±0.12	-1.32±0.82	20(25.0)	0.43±0.08	-1.37±0.62
Adolescents[1]	High	21(25.3)	1.22±0.06	2.07±0.49	21(25.0)	1.02±0.06	0.35±0.44
	Middle	41(49.4)	1.03±0.05	0.55±0.41	42(50.0)	0.88±0.03	-0.66±0.25
	Low	21(25.3)	0.87±0.08	-0.77±0.63	21(25.0)	0.75±0.04	-1.56±0.27
Adults[2]	Normal	82(94.3)	1.05±0.17	0.76±1.09	89(89.0)	0.92±0.13	-0.05±0.72
	Osteopenia	5(5.7)	0.82±0.01	-1.10±0.26	11(11.0)	0.75±0.03	-1.29±0.26
Elderly[2]	Normal	14(14.3)	0.98±0.15	0.06±1.23	10(8.3)	0.85±0.11	-0.03±1.07
	Osteopenia	47(47.9)	0.77±0.05	-1.89±0.39	53(44.2)	0.70±0.05	-1.93±0.43
	Osteoporosis	37(37.8)	0.60±0.07	-3.33±0.64	57(47.5)	0.55±0.06	-3.38±0.67

1) The subjects were divided into quartile by bone mineral density of femoral neck as below;
   High: BMD ≥ 75%
   Middle: 25% < BMD < 75%
   Low: BMD ≤ 25%
2) The subjects were classified by T-score of femoral neck as below;
   Normal: T ≥ -1.0
   Osteopenia: -1.0 < T ≤ -2.5
   Osteoporosis: T < -2.5
3) The values of children group are Z-score.

$$Z\text{-score} = \frac{\text{(subject's BMD-age matched BMD)}}{\text{standard deviation of age matched BMD}}$$

4) $$T\text{-score} = \frac{\text{(subject's BMD-young adult BMD)}}{\text{standard deviation of young adult BMD}}$$

5) Mean ± SD

2) 골격 건강 상태에 따른 식품 섭취량

대퇴경부 골격 건강 상태에 따른 연령별 1일 1인당 식품 섭취량은 Table A-1-1~Table A-1-4와 같다. Table A-1-1에서 아동의 골격 건강 상태에 따른 식품 섭취량을 보면 남자의 경우 총 식품 섭취량은 high group 1309.0g, middle group 1261.0g, low group 1152.6g으로 high group이 높았으나 유의적인 차이는 아니었고, 식물성 식품 역시 high group이 높았으나 유의적인 차이는 없었다. 식물성 식품 중 두류는 high group이 69.0g으로 많이 섭취하였고, 채소류 역시 high group이 227.2g으로 low group 166.3g보다 낳이 섭취하였다. 우유 및 유제품도 high group 311.0g, middle group 312.5g으로 low group 253.8g에 비해 높게 섭취하였으나 유의적인 차이는 아니었다. 여자의 경우 총 식품 섭취량은 high group 1205.4g, middle group 1178.8g으로 low group 908.5g보다 높았고, 식물성 식품 섭취량은 high group이 low group보다 많았다. 식물성 식품 중 견과류에서 high group이 17.6g으로 middle group과 low group보다 많이 섭취했으며, 동물성 식품 중 어패류에서 high group이 43.7g으로 low group 19.9g보다 많이 섭취하였다. 칼슘의 주 급원 식품인 우유 및 유제품의 섭취량은 group에 유의적인 차이는 없었고 middle group이 292.9g으로 높게 섭취하였다. 대체로 우유 및 유제품의 섭취량은 남자보다 여자가 적은 것으로 조사되었다.

청소년의 골격 건강 상태에 따른 식품 섭취량은 Table A-1-2와 같다. 남자의 경우 총 식품과 식물성 식품 섭취량은 high group에서 많았으나 유의적인 차이는 아니었고, 동물성 식품 섭취량은 middle group이 440.9g으로 high group과 low group보다 높은 경향을 보였다. 감자류 섭취량도 high group이 66.0g으로서 low group 18.0g보다 많았으며, 양념류 역시 high group이 40.4g으로 가장 많이 섭취하였다. 과일류와 우유 및 유제품 섭취량은 high group이나 middle group보다 low group에서 높았으나 유의적인 차이는 아니었다. 여자의 경우 총 식품 섭취량은 high group 1142.9g, middle group 1193.3g, low group 1154.0g이었고, 식물성 식품 섭취량은 middle group에서 796.7g, 동물성 식품은 high group에서 373.5g으로서 다른 group에 비해 높았으며, 우유 및 유제품은 high group이 168.1g으로 middle group과 low group에 비해 높게 섭취하는 경향을 보였다. 두류와 난류 섭취량은 group에 유의적인 차이를 보였다. 즉 두류 섭취량은 high group 19.3g으로 low group 59.7g보다 낮았으며, 난류는 high group 62.1g으로 middle group 36.1g, low group 39.6g보다 많이 섭취하였다.

성인의 골격 건강 상태에 따른 식품 섭취량은 Table A-1-3과 같다. 남자의 경우 총 식품 섭취량, 식물성 식품, 동물성 식품, 기타 식품 섭취량은 normal group이 osteopenia group보다 높았으나 유의적인 차이는 아니었다. 식물성 식품 중 두류와 견과류 섭취량은 normal group이 osteopenia group보다 높았으며, 동물성 식품 중 우유 및 유제품 섭취량은 normal group의 경우 136.5g으로 osteopenia group 36.0g보다 많았다. 여자의 경우 총 식품, 식물성 식품, 동물성 식품 섭취량이 normal group보다 osteopenia group에서 낮았다. 식물성 식품 중 견과류, 버섯류 및 과일류 섭취량이 normal group에서 osteopenia group보다 높았으며, 과일류의 경우 normal group이 osteopenia group보다 2배 이상 많이 섭취하였다. 동물성 식품 중 육류 섭취량이 normal group에서 73.9g으로 osteopenia group보다 2

배 정도 높았고, 우유 및 유제품은 normal group이 많이 섭취하였으나 유의적인 차이는 아니었다. 기타 식품 중 음료 섭취량 역시 normal group이 83.5g으로 높았다.

노인군의 골격 건강 상태에 따른 식품 섭취량은 Table A-1-4와 같다. 남자의 경우 총 식품 섭취량, 동물성 식품 섭취량, 당류, 두류, 버섯류와 우유 및 유제품 섭취량은 normal group이 osteopenia group이나 osteoporosis group보다 많았다. 여자의 경우 normal group이 osteopenia group보다 대부분의 식품 섭취량이 낮은 것으로 나타났고, 총 식물성 식품의 경우 osteopenia group이 776.4g으로 normal group과 osteoporosis group보다 많이 섭취하였다. 또 버섯류와 육류 섭취량은 normal group이 osteoporosis group보다 높았고, 곡류는 osteopenia group 288.4g으로 osteoporosis group 231.1g보다 많이 섭취하였으며, 과일류는 normal group 21.0g으로 osteopenia group 168.4g보다 적게 섭취하였다.

위의 결과를 Figure 3-1과 Figure 3-2에 종합하여 도시하였다. 전반적으로 남자의 골격 건강 상태보다 여자의 골격 건강 상태가 식품 섭취량의 영향을 더 많이 받는 것으로 나타났으며 골격 건강 상태가 좋은 사람의 식품 섭취량이 높은 경향이었다. 남자의 경우 노인이 다른 연령군에 비해 식품 섭취량과 골격 건강 상태에 더 밀접한 관계를 보여 골격 건강 상태가 좋은 normal group에서 식품 섭취량이 많았고, 여자의 경우 성인에게서 식품 섭취량과 골격 건강 상태 사이에 관련성이 높았다.

골격 건강 상태에 따라 섭취량이 유의하게 달라진 식품들은 남자의 경우 감자류, 당류, 두류, 견과류, 채소류, 버섯류, 우유 및 유제품, 양념류, 동물성 식품, 총 식품 등이었고 아동군의 경우 두류, 채소류 섭취량이 골격 건강 상태에 영향을 미치는 것으로 나타났다. 또 청소년군의 골밀도는 감자류와 양념류 섭취량의 영향을 받았으며, 성인의 골격 건강 상태는 두류, 견과류, 우유 및 유제품 섭취량과 관련을 보였고, 노인의 골격 건강 상태는 당류, 두류, 버섯류, 우유 및 유제품, 동물성 식품 및 총 식품 섭취량의 영향을 받은 것으로 나타났다. 여자의 경우에도 곡류, 두류, 견과류, 버섯류, 과일류, 육류, 난류, 생선류, 음료, 식물성 식품, 동물성 식품, 기타 식품 및 총 식품 섭취량이 골격 건강 상태에 영향을 미치는 것으로 나타났으며, 특히, 아동군의 경우 견과류, 생선류, 식물성 식품 및 총 식품 섭취량이, 청소년의 경우 두류, 난류의 섭취량이, 성인의 경우 두류, 버섯류, 과일류, 육류, 음료 이외에 식물성 식품, 동물성 식품, 총 식품 섭취량이, 노인의 경우 곡류, 버섯류, 과일류, 육류 및 식물성 식품 섭취량이 골격 건강 상태에 유의한 영향을 미쳤다.

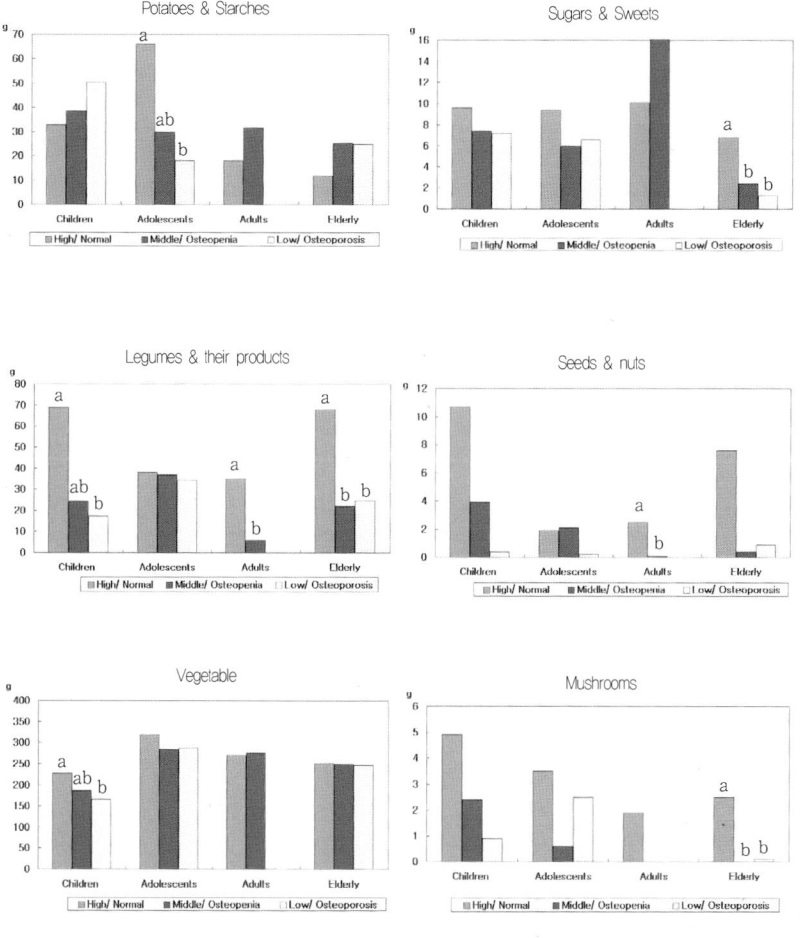

a b : Values with different superscripts are significantly different at
α=0.05 level by Tukey's studentized range test.

Figure 3-1. Comparison of food intake of the groups classified by bone
health status in male subjects

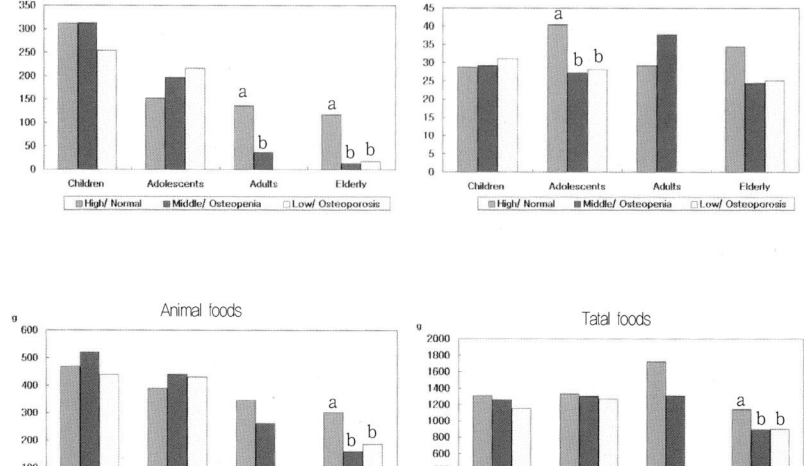

a b : Values with different superscripts are significantly different at
α=0.05 level by Tukey's studentized range test.

Figure 3-1. <Continued>

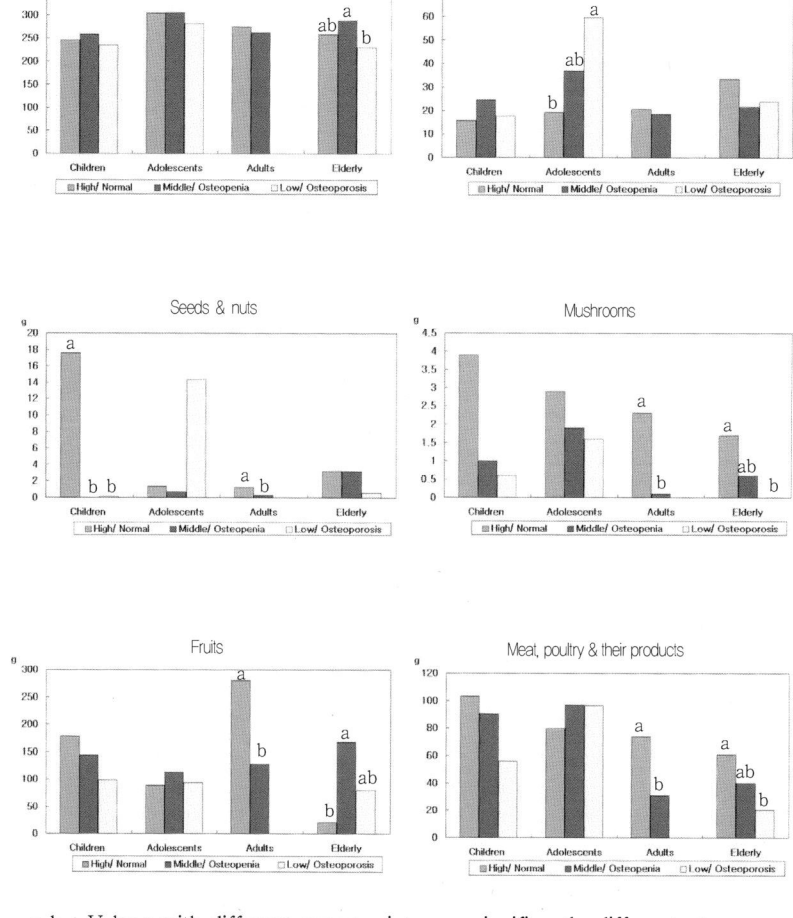

a b : Values with different superscripts are significantly different at
α=0.05 level by Tukey's studentized range test.

Figure 3-2. Comparison of food intake of the groups classified by bone
health status in female subjects

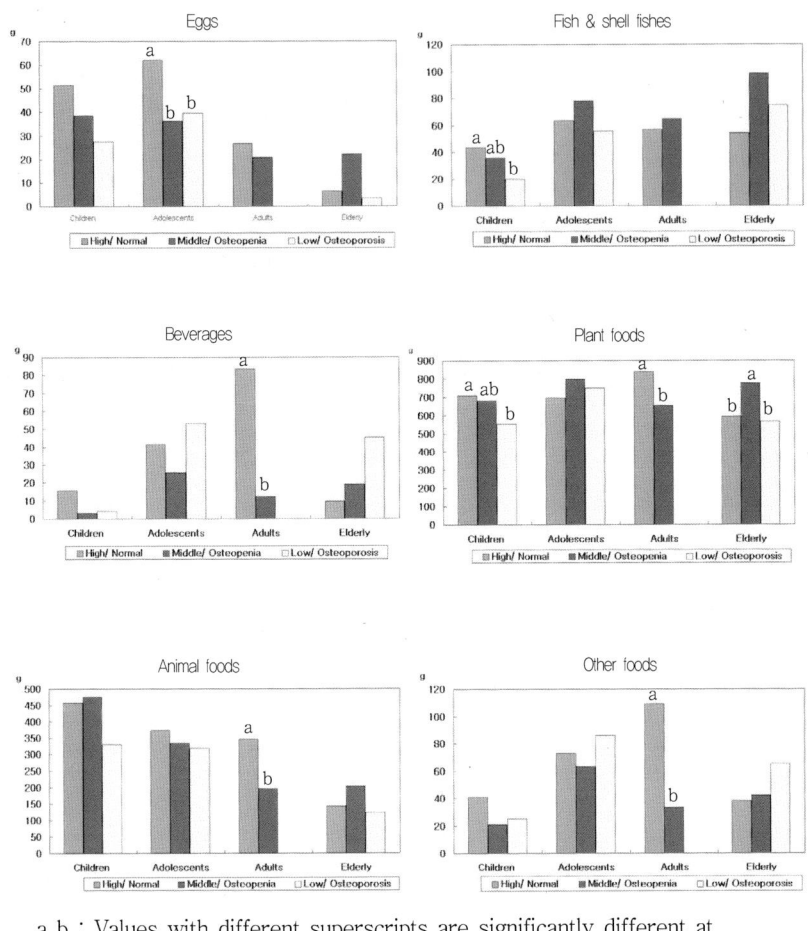

a b : Values with different superscripts are significantly different at
α=0.05 level by Tukey's studentized range test.

Figure 3-2. <Continued>

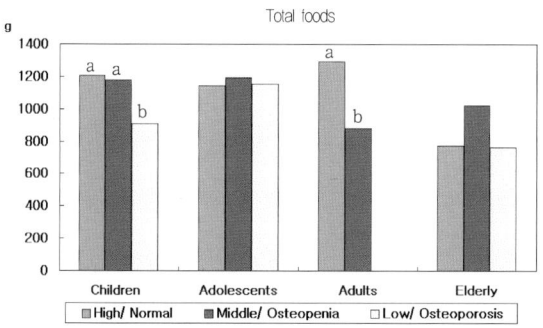

a b : Values with different superscripts are significantly different at
α=0.05 level by Tukey's studentized range test.

Figure 3-2. <Continued>

3) 영양소 섭취량과 골밀도와의 관계

(1) 골격 건강 상태에 따른 영양소 섭취량

각 연령군별 대퇴경부 골격 건강 상태에 따른 1일 1인당 영양소 섭취량은 Table A-2-1∼Table A-2-4와 같다.

아동의 골격 건강 상태에 따른 1일 1인당 영양소 섭취량은 Table A-2-1과 같으며, 남자 아동의 경우 식물성 단백질과 비타민 C 섭취량은 high group이 low group보다 높았으며, 칼슘 섭취량은 high group 666.8mg, middle group 647.4mg, low group 583.4mg이었고, 세 group 모두 식물성 칼슘보다는 동물성 칼슘의 섭취량이 많았으나 유의적인 차이를 보이지는 않았다. 에너지 섭취량에 대한 CPF ratio는 각 group 에 차이가 없었으며, 탄수화물에 대한 섭취비가 세 group 모두 60%

이하였고, 지방에 대한 섭취비는 세 group 모두 25% 이상이었다.

여자 아동의 경우 high group과 middle group이 low group보다 대부분의 영양소 섭취량이 높았다. 탄수화물과 티아민 섭취량은 high group이 low group보다 높았고, 에너지, 단백질, 동물성 단백질, 칼슘, 철, 리보플라빈, 나이아신, 비타민 C 섭취량은 high group과 middle group이 low group보다 유의적으로 높았으며, 지방과 인은 middle group이 low group보다 많이 섭취하였다. 칼슘 역시 middle group이 583.9mg으로 low group 429.4mg보다 높게 섭취하였으며 동물성 칼슘 섭취량이 식물성 칼슘 섭취량의 2배 정도 되었다. High group의 티아민 섭취량은 1.4mg로서 1.0mg을 섭취한 low group보다 높았다. 에너지 섭취량에 대한 탄수화물 섭취비는 low group이 63.7%로서 middle group 57.2%보다 높았으며, 지방 섭취비는 middle group이 27.6%로서 low group 22.2%보다 높았다.

청소년의 골격 건강 상태에 따른 1일 1인당 영양소 섭취량은 Table A-2-2와 같다. 남자의 경우 high group이 대부분의 영양소 섭취량이 높았으며, 식물성 칼슘, 철분, 티아민, 비타민 C의 섭취량은 각 group간에 유의적인 차이를 보였다. 칼슘 섭취량은 high group이 597.7mg으로서 middle group이나 low group보다 높았으나 유의적인 차이는 아니었다. 그러나 식물성 칼슘 섭취량은 high group 289.4mg, low group 226.5mg으로서 유의적으로 차이를 보였다. 철 섭취량은 high group 13.7mg으로 low group 10.8mg보다 높았으며, 티아민 섭취량은 high group과 middle group이 low group보다 높았고, 비타민 C 섭취량은 middle group과 low group이 high group보다 낮았다. 여자의 경우 high group과 middle group이 low group보다 대부분의 영양소 섭취량이 높았으나 group간에 유의적인 차이는 없었다.

성인의 골격 건강 상태에 따른 1일 1인당 영양소 섭취 상태는 Table A-2-3과 같다. 남자의 경우 에너지 섭취량은 normal group이 2245.2kcal로서 osteopenia group 1953.1kcal보다 높았으나 유의적인 차이를 보이지 않았고, 식물성 단백질은 normal group이 38.0g으로 osteopenia group의 28.6g보다 높았다. 칼슘 섭취량은 normal group 560.4mg으로 osteopenia group 451.8mg보다 높았으나 유의적이지 않았고, 식물성 칼슘은 normal group 284.7mg으로 osteopenia group 230.9mg보다 높았다. 여자의 경우 에너지, 단백질, 동물성 단백질, 식물성 단백질, 지방, 탄수화물, 인, 철, 비타민 A, 티아민, 리보플라빈의 섭취량이 normal group보다 osteopenia group에서 낮았다. 칼슘 섭취량은 normal group 553.9mg, osteopenia group 451.3mg으로서 osteopenia group이 가장 낮았으나 유의적인 차이는 아니었고, 두 group 모두 식물성 칼슘보다는 동물성 칼슘의 섭취량이 많았다.

골격 건강 상태에 따른 노인의 1일 1인당 영양소 섭취량은 Table A-2-4와 같다. 남자 노인의 경우 식물성 단백질, 칼슘, 동물성 칼슘, 인, 리보플라빈 섭취량은 normal group이 osteopenia group이나 osteoporosis group보다 유의적으로 많았다. 칼슘 섭취량은 normal goup 621.1mg, osteopenia group 408.6mg, osteoporosis group 455.0mg이었고, 동물성 칼슘은 normal group 350.9mg, osteopenia group 191.4mg, osteoporosis group 220.3mg으로서 칼슘과 동물성 칼슘 섭취량 모두 osteopenia group에서 가장 낮았다. 또한 osteopenia group과 osteoporosis group의 경우에 동물성 칼슘보다 식물성 칼슘의 섭취량이 높았다. 비타민 C는 normal group 104.1mg으로 osteoporosis group 60.3mg보다 유의적으로 많이 섭취하였다. 여자 노인의 경우에는 osteopenia group이 normal이나 osteoporosis group보다 영양소의 섭취량이 높은 경향이었다. 에너지와 식물성 단백질 섭취량은 osteopenia group이 osteoporosis group보다 유의적으로 높았으며, 지방의 에너지 섭취비는 normal group 17.5%로 osteopenia group 12.5%보다 유의적으로 높았다. 칼슘 섭취량은 osteopenia group 405.3mg, osteoporosis group 376.1mg, normal group 358.8mg으로서 각 group간에 유의적인 차이는 없었으며, 세 group 모두 동물성 칼슘보다 식물성 칼슘의 섭취량이 많았다.

골격 건강 상태에 따른 각 연령군별 영양소 섭취량을 종합해 보면 아동 여자의 골격 건강 상태가 영양소 섭취량의 영향을 비교적 많이 받는 것으로 나타났고, 다음이 성인 여자, 노인 남자의 순으로 조사되었으며, 청소년 여자의 골격 건강 상태는 영양소 섭취량과 유의한 관계를 보이지 않았다. 대체로 남자보다 여자의 골격 건강 상태가 여러 영양소의 영향을 더 받는 것으로 나타났다. 열량 영양소의 영향을 많이 받는 것으로 나타난 연령군은 아동과 성인 여자였으며, 노인군의 경우 골격 건강 상태가 높은 사람들의 탄수화물 섭취비율이 낮은 경향을 보였고, 지방의 섭취비는 높은 것으로 조사되었다. 무기질 중에서는 칼슘과 인 및 철의 섭취량이 골격 건강 상태에 영향을 미치는 것으로 나타났는데, 칼슘, 동물성 칼슘, 식물성 칼슘에 의한 영향은 청소년, 성인, 노인 남자와 아동기 여자에서 나타났으며, 인은 아동 여자, 성인 여자 및 노인 남자의 골격 건강 상태에 영향을 미치는 것으로 조사되었다. 철은 청소년기 남자, 아동과 성인 여자의 골격 건강 상태에 영향을 미쳤다. 비타민 A, 티아민, 리보플라빈, 나이아신, 비타민 C 섭취량은 골격 건강 상태와 밀접한 관련이 있는 것으로 나타났으며 남녀 모두의 골격 건강 상태에 영향을 미치는 것으로 조사되었다(Figure 4-1, Figure 4-2).

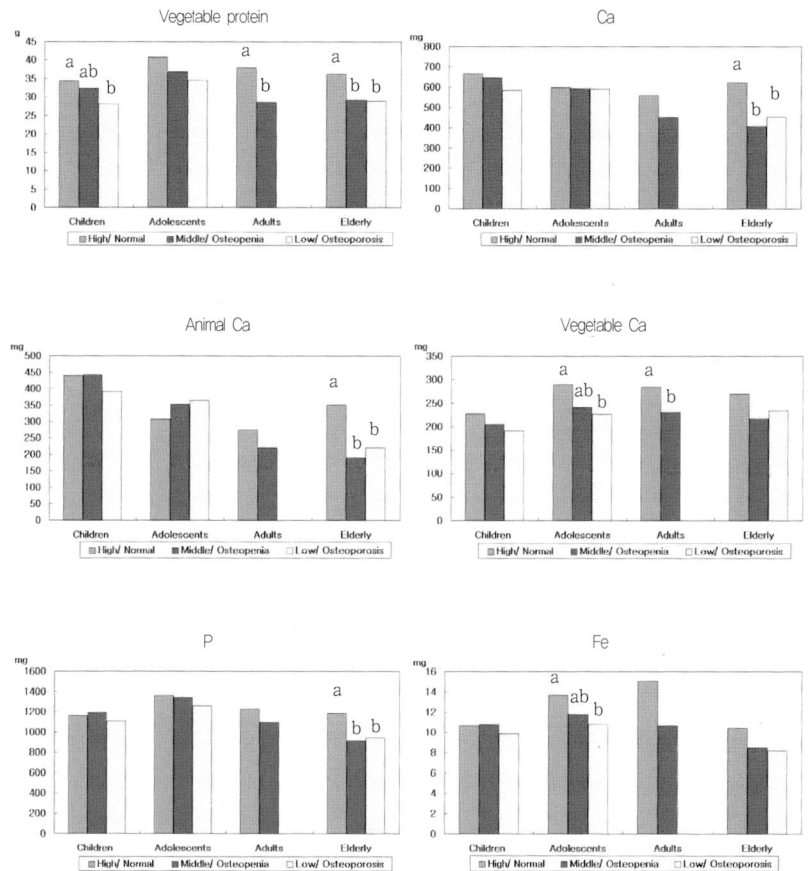

a b : Values with different superscripts are significantly different at
  α=0.05 level by Tukey's studentized range test.

Figure 4-1. Comparison of nutrient intake of the groups classified by
  bone health status in male subjects

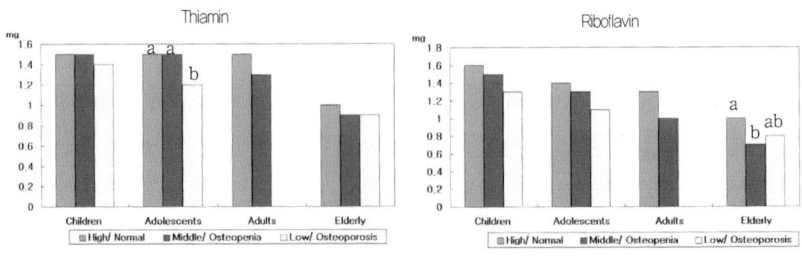

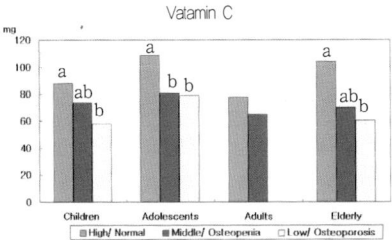

a b : Values with different superscripts are significantly different at
α=0.05 level by Tukey's studentized range test.

Figure 4-1. ⟨Continued⟩

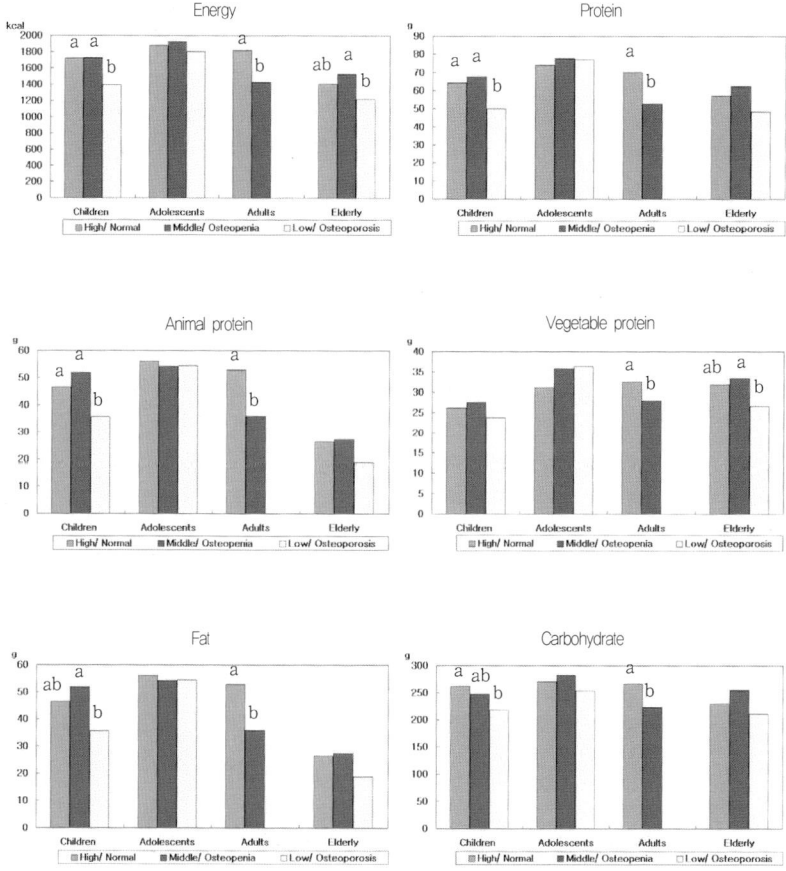

a b : Values with different superscripts are significantly different at
α=0.05 level by Tukey's studentized range test.

Figure 4-2. Comparison of nutrient intake of the groups classified by
bone health status in female subjects

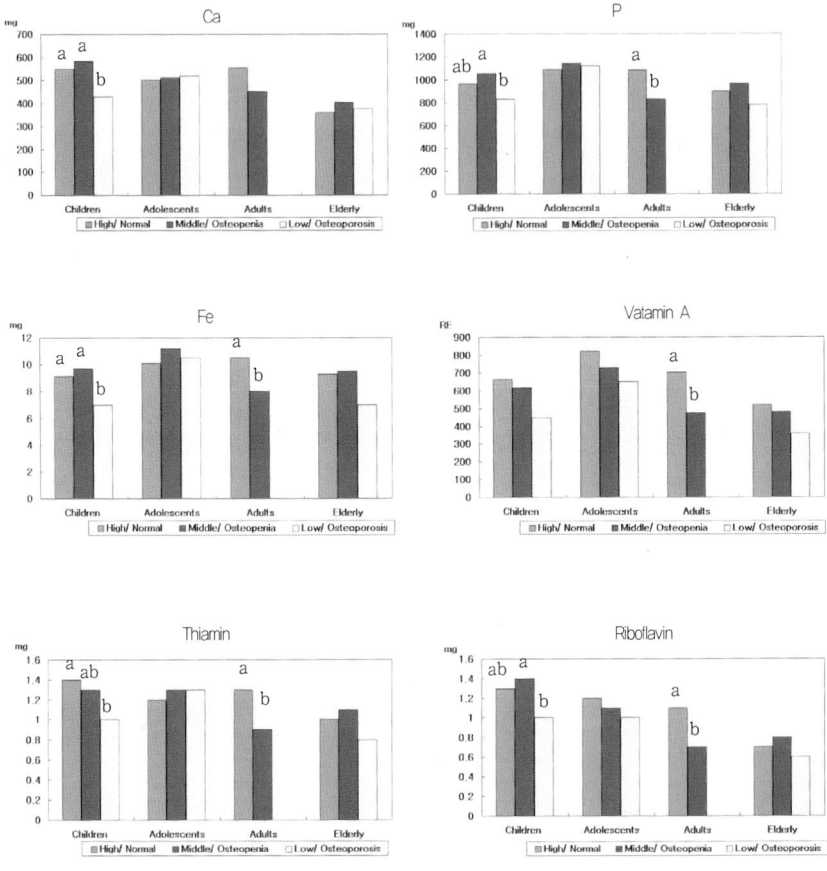

a b : Values with different superscripts are significantly different at α=0.05
level by Tukey's studentized range test.

Figure 4-2. 〈Continued〉

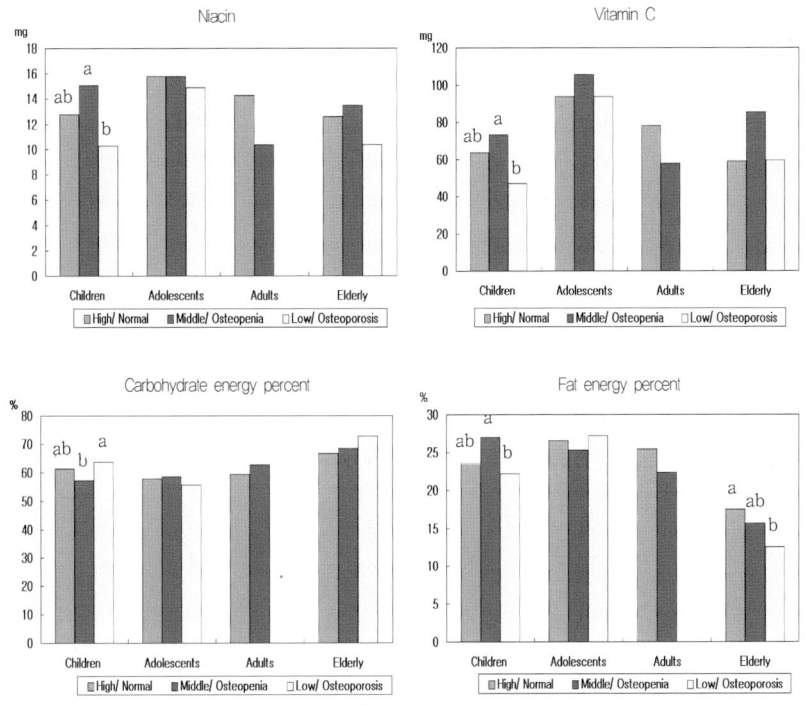

a b : Values with different superscripts are significantly different at
α=0.05 level by Tukey's studentized range test.

Figure 4-2. <Continued>

(2) 골격 건강 상태에 따른 MAR

대퇴경부 골격 건강 상태에 따른 1인 1일당 영양소 섭취량을 보
았을 때 골격 건강 상태가 좋은 군에서 영양소 섭취량이 높은 경향
을 보였으며, 여러 영양소가 골격 건강 상태와 관련이 있는 것으로
나타났으므로 영양소 섭취 상태를 전체적으로 평가할 수 있는 MAR

과 골격 건강 상태 사이의 관련성을 분석해 보았다. 그 결과는 Figure 5에 제시되어 있다.

MAR값은 아동 남녀, 성인 여자 및 노인 여자에게서 골격 건강 상태에 따른 group에 유의적인 차이를 보였다. 즉 골격 건강 상태가 좋은 group에서 MAR값이 높았으며, 골격 건강 상태가 나쁜 group의 MAR값은 낮았다. 아동 남자의 경우 high group 0.95, middle group 0.95로 low group 0.90보다 높았고, 아동 여자는 high group 0.89, middle group 0.92, low group 0.78로서 low group이 낮았다. 전반적으로 아동기 남자의 MAR값이 group에 상관없이 0.90 이상으로 양호하였고, 아동기 여자의 경우 low group의 MAR값은 0.78로 불량하였으나 high group과 middle group은 0.89와 0.91로 양호하였다. 청소년 역시 남자의 경우 high group의 MAR값이 가장 높았으나 유의적인 차이를 보이지 않았고, 여자의 경우는 middle group이 0.85로 high group과 low group보다 높았으나 유의적이지 않았다. 성인의 경우 남녀 모두 normal group의 MAR이 osteopenia group보다 높았으나, 여자에게서만 group간에 유의적인 차이를 보였다. 즉, MAR값은 성인 여자의 경우 normal group이 0.81로서 osteopenia group 0.71보다 높았고, MAR값이 0.8 이상으로 비교적 양호하였으나, osteopenia group의 경우 MAR값이 0.8 이하로서 영양소 섭취 상태가 양호하지 않은 것으로 조사되었다. 노인 남자의 경우에도 normal group의 MAR값이 osteopenia group이나 osteoporosis group보다 높았으나 유의적이지 않았으며, normal group에서만 0.82로 양호한 상태였다. 노인 여자의 MAR값은 골격 건강 상태에 따른 group에 유의적인 차이를 보여 osteoporosis group의 MAR값이 0.62로서 낮았다.

이상의 결과를 종합해 보면 골격 건강 상태가 좋은 사람들의

MAR값이 대체로 높았고 그중에서도 아동 남자의 MAR값이 가장
높았다. 그러나 노인 여자의 MAR값이 가장 낮아 영양 섭취 상태
가 불량한 취약집단인 것으로 확인되었다.

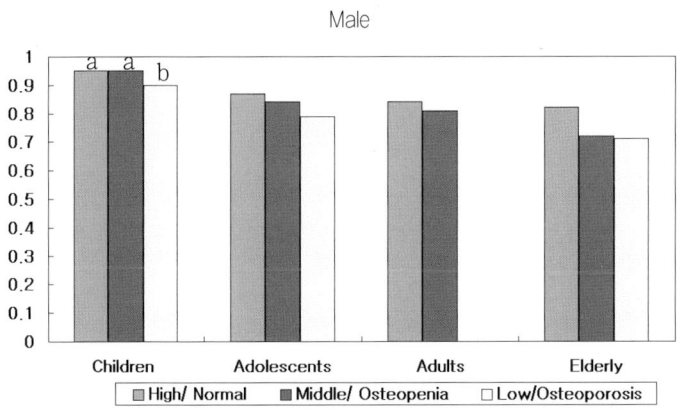

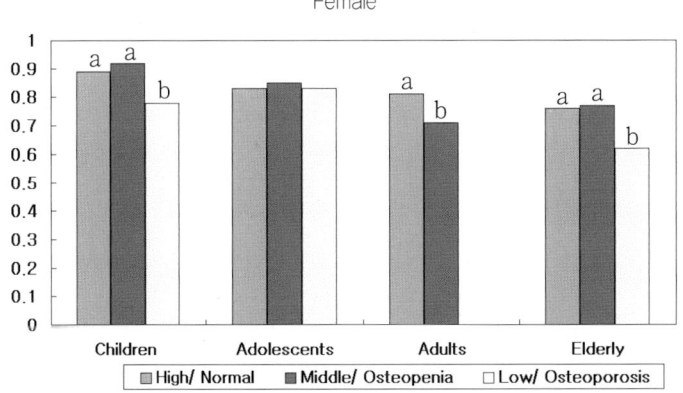

a b : Values with different superscripts are significantly different at α=
0.05 level by Tukey's studentized range test.

Figure 5. Comparison of MAR of the groups classified by bone health
status by age groups

(3) 영양 권장량 섭취비율에 따른 골밀도 비교

영양소별 섭취수준이 골밀도에 미치는 영향을 알아보기 위해 각 영양소별로 권장량에 대한 섭취비율을 기준으로 하여 세 group으로 나눈 뒤, 각 group별 골밀도를 비교하였다. 즉 권장량에 대한 섭취 비율이 75% 미만, 75% 이상 125% 미만, 125% 이상의 세 group으로 나누어 대퇴경부 골밀도를 비교하였다.

그 결과 전반적으로 영양소 섭취량이 높을수록 골밀도가 높아지는 것으로 조사되었으며, 여자보다 남자에게서 영양소 섭취수준이 골밀도에 더 많은 영향을 미치는 것으로 나타났다. 즉, 여자의 경우 아동과 노인에서 대퇴경부 골밀도가 몇 가지 영양소의 RDA 섭취 비율에 따라 유의적인 차이를 보였으며, 청소년과 성인에서는 RDA 섭취비율이 높은 군에서 골밀도가 높아지는 경향을 보였으나 유의적인 차이는 없었다. 아동 남자의 대퇴경부 골밀도는 에너지, 비타민 A 및 티아민의 RDA 섭취비율이 75% 이하인 group보다 75% 이상인 group에서 유의하게 높았다. 아동 여자의 골밀도는 에너지, 단백질, 인, 철, 티아민, 나이아신의 RDA 섭취비율이 75% 이상 또는 125% 이상인 group에서 75% 이하인 group보다 높았다. 청소년 남자의 골밀도는 인과 티아민의 RDA 섭취비율이 125% 이상인 group에서 높았으며, 성인 남자의 경우에도 비타민 C의 RDA 섭취 비율에 따라 골밀도가 영향을 받았다. 노인 남자의 골밀도는 비타민 C의 RDA 섭취비율이 75% 이하인 group보다 125% 이상인 group에서 높았으며, 노인 여자의 골밀도는 단백질의 RDA 섭취비율이 75% 이하인 group에서 낮았다(Figure 6).

전체적으로 권장량의 75% 이하 수준으로 섭취하는 영양소가 많으면 골밀도 감소를 초래할 수 있는 것으로 보이며, 대부분 영양소의 섭취량이 권장량의 75% 이상일 때 골밀도가 적절히 유지될 수 있는 것으로 보인다. 그러나 이러한 영향은 영양소 종류에 따라 차이가 있는 것으로 나타났다. 인의 경우 청소년 여자에게서 섭취량이 증가할 경우 골밀도가 감소하는 것으로 나타났으나 유의적이지 않았고, 그 외의 연령층에서는 오히려 섭취량이 증가할 때 골밀도도 높아지는 것으로 나타났다. 골격 건강 상태에 따른 영양소 섭취량을 보았을 때 칼슘의 섭취 상태가 아동 여자와 청소년, 성인, 노인 남자의 골밀도에 영향을 미치는 것으로 조사되었으나 칼슘 권장량 수준에 따른 골밀도를 보았을 때 모든 연령층의 골밀도에 영향을 미치지 않은 것으로 나타나 칼슘의 섭취 상태가 골밀도에 미치는 영향이 일관되게 나타나지 않았다.

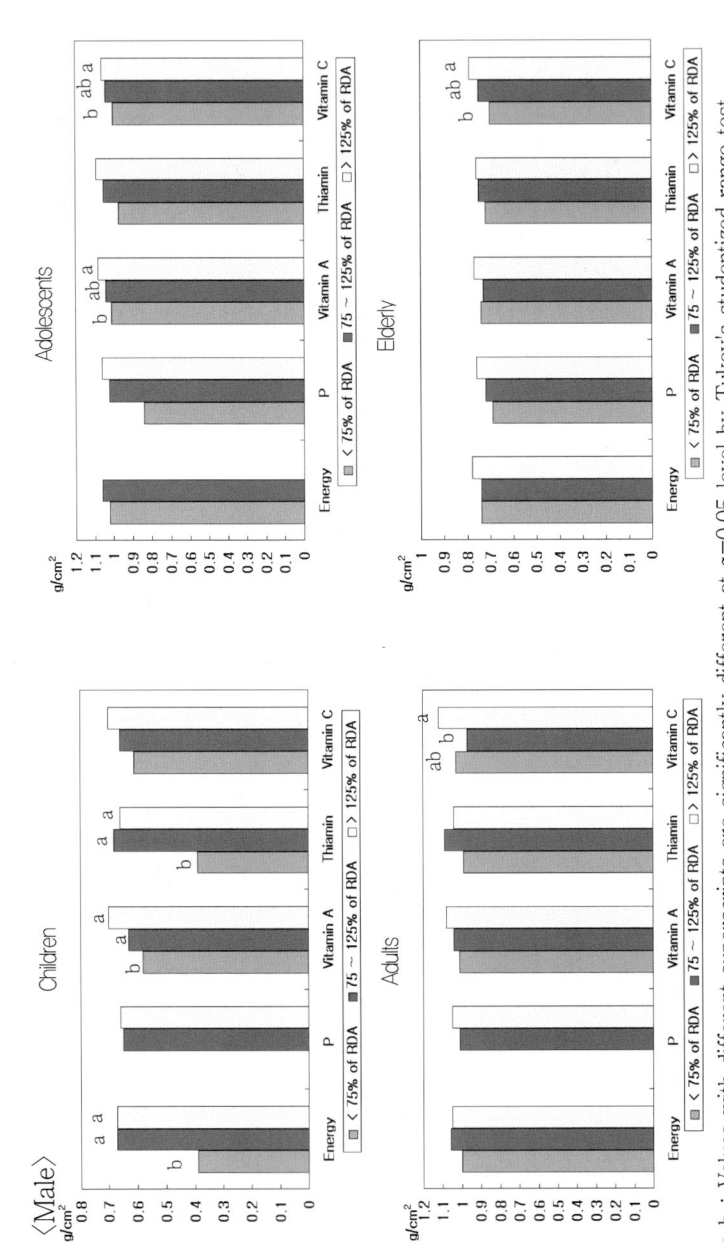

Figure 6. BMD of femoral neck of the groups classified by percent of RDA for nutrients

a b : Values with different superscripts are significantly different at α=0.05 level by Tukey's studentized range test.

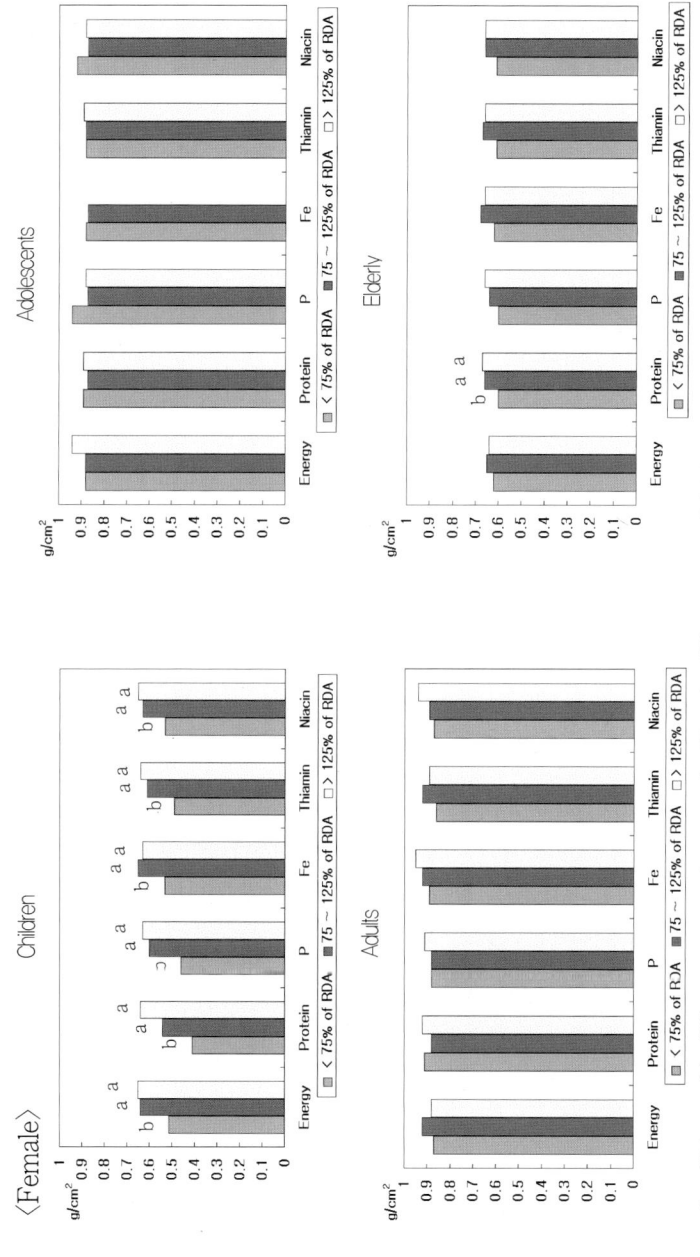

a b : Values with different superscripts are significantly different at α=0.05 level by Tukey's studentized range test.

Figure 6. 〈Continued〉

4. 골밀도와 관련 요인들의 다중회귀분석

골밀도에 영향을 미치는 요인들을 다중회귀분석 하기 전에 여러 요인들과 대퇴경부 골밀도 사이의 상관관계를 분석하여 보았다. 그 결과 체위가 모든 연령층에서 골밀도와 높은 상관관계를 보였다. 아동 남녀의 키, 체중과 골밀도 사이에 유의적인 양의 상관관계가 있었고, 청소년 남자의 키, 체중, BMI와 골밀도 사이에서 그리고 청소년 여자의 체중 및 BMI와 골밀도 사이에서 양의 상관관계를 보였다. 성인 남녀의 골밀도는 체위와 유의한 상관관계를 보이지 않았다. 노인 남자의 골밀도는 키, 체중, BMI, 허리둘레, 엉덩이둘레와, 노인 여자의 골밀도는 키, 체중, BMI와 양의 상관관계를 보였다(Table A-3).

체위에 의한 영향을 배제한 순수한 식이 요인과 대퇴경부 골밀도 사이의 상관관계를 평가하기 위하여 키와 체중에 의해 조정하였다. 그 결과 아동 남자의 경우 두류, 견과류, 채소류, 식물성 식품, 총 식품, 식물성 단백질, 칼슘, 식물성 칼슘, 인, 비타민 A, 리보플라빈 및 비타민 C 섭취량이 골밀도와 양의 상관관계를 보였으며, 육류 섭취량은 골밀도와 음의 상관관계를 보였다. 아동 여자의 경우 당류, 견과류 및 비타민 A 섭취량이 골밀도와 양의 상관관계를 나타 내었다. 청소년 남자의 경우 감자류, 당류, 양념류, 식물성 칼슘, 철 및 리보플라빈 섭취량이 골밀도와 양의 상관관계를 보였으며, 청소 년 여자의 경우 곡류, 두류, 견과류, 식물성 식품, 식물성 단백질, 식물성 칼슘 섭취량이 골밀도와 음의 상관관계를, 티아민은 양의 상관관계를 보였다. 성인 남자의 경우 두류, 우유 및 유제품, 식물 성 단백질, 칼슘, 식물성 칼슘, 인, 비타민 A 및 비타민 C의 섭취량과 골밀도 사이에서 유의적인 양의 상관관계가 있었으며, 성인 여자의 경우 버섯류 섭취량이 골밀도와 양의 상관관계를 보였다. 노인 남자의 골밀도는 두류, 견과류, 버섯류, 식물성 단백질 및 비타민 C 섭취량과 양의 상관관계를, 곡류 섭취량은 음의 상관관계를 보였다. 노인 여자의 경우 곡류, 버섯류, 유지류, 육류, 기타, 에너지, 단백질, 식물성 단백질, 철, 비타민 A 섭취량이 골밀도와 양의 상관관계를, Ca/P ratio는 음의 상관관계를 보였다(Table A-4, Table A-5).

식이 요인과 골밀도 사이에서 상관관계가 있는 것으로 분석된 요인 즉 영양소 중 에너지, 단백질, 칼슘 등을 포함한 13개의 영양소와 식품 중 곡류, 감자류 등 13개의 식품들을 독립변인으로 하여 다중회귀분석한 결과는 Table 8과 같다.

아동 남자의 골밀도에 가장 큰 영향을 미친 인자는 MAR로 8.4%의 설명력을 보였고, 다음이 견과류, 감자류로서 이 두 요인 첨가에 의해 17.5%가 설명되었다. 아동 여자의 대퇴경부 골밀도 역시 아동 남자와 마찬가지로 MAR과 견과류의 영향을 받는 것으로 나타났으며, 이외 리보플라빈과 육류 섭취도 영향을 미치는 것으로 나타났으며, 이들 식이 요인에 의해 25.5%의 설명력을 보였으며, 리보플라빈은 골밀도를 감소시키는 요인이었다.

청소년 남자의 골밀도는 식물성 칼슘에 의한 영향이 가장 큰 것으로 나타났고, 다음이 감자류, 당류 및 칼슘으로 조사되었으며, 이중 칼슘은 골밀도를 감소시키는 인자였으며, 이들 요인에 의한 설명력은 21.8%였다. 청소년 여자의 골밀도는 난류와 두류 섭취량의 영향을 받았으며, 이 중 두류는 골밀도를 감소시키는 요인이었다.

성인 남자의 골밀도에 가장 큰 영향을 미친 요인은 두류 섭취량으로서 11.8%의 설명력을 보였으며, 다음이 우유 및 유제품으로 나타났다. 성인 여자의 대퇴경부 골밀도에는 버섯류 섭취량만이 유의한 영향을 미치는 요인인 것으로 나타났으며, 4.2%의 설명력을 보였다.

노인 남자의 골밀도에 가장 큰 영향을 미친 인자는 비타민 C 섭취량이었고 그 설명력은 6.6%였다. 비타민 C 다음으로 두류와 식물성 식품 섭취량이 골밀도에 영향을 미치는 인자였으며, 이 중 식물성 식품 섭취량은 골밀도를 감소시키는 요인이었고, 이들 세 요인에 의한 설명력은 15.7%였다. 노인 여자의 골밀도에 영향을 미친 가장 중요한 요인은 MAR인 것으로 조사되었고, 이외에 칼슘, 버섯류, 단백질 및 총 식품 섭취량 순이었으며 이 중 칼슘과 총 식품 섭취량은 골밀도를 감소시키는 요인이었고, 이들 요인에 의한 설명력은 21.8%였다.

Table 8. Stepwise multiple regression analysis of the influence of several variables on BMD of femoral neck by age group

	Sex	Step	Variables	β	Cumulative R^2	P>F
Children	Male	1	MAR[1]	0.6828	0.084	0.004
		2	Seeds and nuts	0.0015	0.142	0.026
		3	Potatoes and starches	−0.0005	0.175	0.087
	Female	1	MAR	0.5564	0.134	0.001
		2	Seeds and nuts	0.0015	0.195	0.007
		3	Riboflavin	−0.0645	0.226	0.072
		4	Meat, poultry and their products	0.0002	0.255	0.093
Adolescents	Male	1	Vegetable Ca	0.0005	0.086	0.008
		2	Potatoes and starches	0.0006	0.145	0.022
		3	Sugars and sweets	0.0046	0.185	0.051
		4	Ca	−0.0001	0.218	0.072
	Female	1	Eggs	0.0007	0.063	0.038
		2	Legumes and their products	−0.0005	0.108	0.047
Adults	Male	1	Legumes and their products	0.0011	0.118	0.001
		2	Milks and dairy products	0.0002	0.151	0.074
	Female	1	Mushrooms	0.0041	0.042	0.042
Elderly	Male	1	Vitamin C	0.0012	0.066	0.002
		2	Legumes and their products	0.0010	0.112	0.010
		3	Plant foods intake	−0.0002	0.157	0.028
	Female	1	MAR[1]	0.2907	0.080	0.002
		2	Ca	−0.0002	0.139	0.005
		3	Mushrooms	0.0119	0.178	0.022
		4	Protein	0.0008	0.199	0.088
		5	Total foods intake	−0.0001	0.218	0.096

Adjusted for height and weight
1) MAR: Mean adequacy ratio

V. 고 찰

1. 골밀도 상태

본 조사대상자들의 연령별 골밀도를 보면 성인 남녀의 요추와 대퇴경부 골밀도가 남자 $1.19g/cm^2$와 $1.04g/cm^2$, 여자 $1.15g/cm^2$와 $0.90g/cm^2$로서 가장 높았고, 그 다음이 청소년, 노인 및 아동의 순이었다. 성인 골밀도에 대한 비율을 보면 남자의 요추에서는 아동 58%, 청소년 82.3%, 노인 85.7%로 나타났고 여자의 요추에서는 아동 58.3%, 청소년 86.4%, 노인 69.6%로 나타났다. 또한 대퇴경부 골밀도의 경우에도 남자 아동은 성인의 62.5%, 청소년 100%, 노인 71.2%였으며, 여자 아동은 성인의 68.5%, 청소년 98.9%, 노인 71.9%인 것으로 나타났다. 대퇴경부 골밀도는 성인과 청소년 두 연령군 사이에서 남녀 모두 유의한 차이가 없었으며, 대퇴 경부 T-score 역시 남자의 경우 청소년과 성인 사이에서 유의한 차이가 없었으나, 여자의 경우 대퇴경부 T-score는 두 연령군 사이에서 차이를 보이고 있으며, 요추 골밀도와 T-score는 두 연령군에 차이가 있었다. 이로 보아 대퇴경부 골밀도는 남자의 경우 청소년기에 최대골질량에 근접하고, 요추 골밀도는 청소년기 이후에도 계속 증가되어 성인기에 최대골질량에 도달하는 것으로 보인다. 이는 이희자[86]의 최대골질량 형성 시기가 골격의 부위에 따라 차이를 보였다는 연구결과와 일치하였다. 본 연구에서 청소년(15세~17세)의 대퇴경부 골밀도는 성인군과 유사한 수준을 유지하여 대퇴경부의 최대골질량 형성 시기가 25~29세였다는 이희자[86]의 연구결과보다는 이른 것으로 나타났으나 청소년기에 최대골질량에 도달한다는 다른 여러 연구결과들[66,67,71,72]과는 일치하였다.

많은 선행연구결과에서 보면 요추 골밀도가 성장기에 최대골질량에 도달하며 그 이후 감소한다는 보고들[66,67,69-72]이 있으며, 이와 반대로 요추 골밀도가 성인기(25세~35세)까지 계속적으로 증가하여 35세 전후에 최대골질량에 이른다고 주장하는 보고들도 있다.[76,84-86] 본 연구대상자들의 요추 골밀도는 남·녀 모두 청소년기 이후에도 증가하는 것으로 나타났다. 본 연구에서 요추가 최대골질량에 도달하는 시기는 확인되지 않았으나 본 연구에서 성인 대상자들의 평균 나이가 남자 29.5세, 여자 28.7세인 것을 감안할 때 대략 30세까지 요추 골밀도가 증가되는 것 같다.

남녀의 골밀도를 비교해 보면 아동기에는 남녀의 차이가 거의 없었다. 청소년과 성인의 경우에도 남녀의 요추 골밀도와 T-score는 비슷한 수준이었으나 대퇴경부 골밀도와 T-score는 남자 청소년 $1.04g/cm^2$, 0.60, 성인 $1.04g/cm^2$, 0.65로 여자 청소년 $0.88g/cm^2$(남자의 84.6%), -0.63, 성인 $0.89g/cm^2$(남자의 85.6%), -0.10보다 높았고, 노인의 경우에는 대퇴경부 및 요추의 골밀도와 T-score 모두 남자가 여자보다 높았으며, 요추 T-score는 남자가 유의적으로 높았다. Faulkner 등[166]이 캐나다 아동(8~17세)을 대상으로 한 연구에 의하면 8~12세 사이의 연령층에서는 남녀간 골밀도 차이가 없었으나, 16세 이후의 연령층에서 남자가 여자보다 높은 골밀도를 지니는 것으로 조사되었으며, 성인을 대상으로 한 Reid 등[167]과 Fehily 등[31]의 연구에서도 남자의 골밀도가 여자보다 높은 것으로 나타나 본 연구결과와 일치하였다. 또 Nguyen 등[91]과 Hannan 등[140]은 노인 남자의 연간 골밀도 감소율이 대퇴경부 0.38%, 요추 0.09%로서 노인 여자

의 골밀도 감소율(대퇴경부 0.87%, 요추 1.12%)보다 낮았다고 보고
하였다. 즉 남자의 골밀도가 여자에 비하여 높을 뿐 아니라 골 퇴화
율이 낮아 노년기 골격 건강 유지에 유리함을 보여주었다.

아동과 청소년의 경우 골격 건강 상태를 판정할 수 있는 기준이
없기 때문에 대퇴경부 골밀도가 상위 25%인 경우 high group으로
분류하였고, 하위 25%인 경우 low group으로 분류하였으며, 상위
25%와 하위 25%를 제외한 나머지 50%를 middle group으로 분류
하였다. 이 방법으로 분류된 각 group별 골밀도를 보면 아동 남녀
의 대퇴경부 골밀도와 Z-score는 각 group 간에 유의적인 차이가
있었으며, high group이 남녀 각각 가장 높았다.

성인과 노인의 골격 건강 상태에 따른 분포를 보면 성인의 경우
osteoporosis로 판정된 사람은 없었으며, 대부분의 사람이 정상으로
판정되었다. 즉 남자의 경우 5.7%, 여자의 경우 11.0%가 osteopenia
로 판정되었고, 노인 남자의 경우 normal 14.3%, osteopenia 47.9%,
osteoporosis 37.8%로서 osteopenia로 판정된 비율이 가장 높았으며,
여자의 경우 normal 8.3%, osteopenia 44.2%, osteoporosis 47.5%로
서 osteoporosis로 판정된 비율이 가장 높았다. 골격 건강 상태에 따
른 각 group별 골밀도와 T-score 역시 성인과 노인 남녀 모두
normal group이 유의적으로 높았으며, 남자가 여자보다 골격 건강
상태가 좋았다.

최근 이루어진 농촌지역 성인들의 골질환 소사결과[40]에 의하면 성인
의 경우 osteopenia 40.9%, 노인의 경우 osteopenia 28.8%, oseteoporosis
57.6%로 나타났으며, normal group보다 osteopenia group과 osteoporosis
group의 골밀도가 낮은 것으로 나타나 본 연구와 일치된 결과를 보였
으며, 우리나라 도시와 농촌지역 주민들 모두에게서 골감소증 및 골다

공증은 그 발생빈도가 매우 높은 주요 질환인 것으로 확인되었다.

Osteoporosis 발생률은 인종이나 민족에 따라 차이가 있는 것으로 알려져 있으며 백인에게서 높고 흑인에게서 낮은 것으로 보고되어 있다.[168] Looker 등[169]이 NHANES Ⅲ 자료를 분석하여 미국에 거주하고 있는 50세 이상 백인, 흑인 및 멕시코인의 대퇴경부에서 osteoporosis 발병률을 조사한 결과 백인의 발생률이 19%로 가장 높았고, 다음으로 멕시코인이었으며, 흑인이 가장 낮았다고 한다. 또한 전체 조사대상자 중 34~50%가 osteopenia이었으며, 17~20%가 osteoporosis인 것으로 나타나 본 연구의 노인 대상자보다는 osteoporosis 발병률이 낮았고, 성인의 osteopenia 발병률보다는 높았다.

본 연구에서 노인의 osteoporosis 발생률이 높은 것은 조사대상자의 연령이 높기 때문인 것으로 보이며, 성인의 경우에 osteoporosis로 판정된 대상자가 없는 것은 본 연구에서 성인 대상자의 연령이 25~35세로서 골격의 퇴화보다는 골질량의 축적이 이루어지는 시기이기 때문인 것으로 사료된다. 그러나 성인 중 osteopenia로 판정된 조사대상자는 osteoporosis로의 이환에 주의해야 할 것으로 사료된다.

2. 연령군별 식품 및 영양소 섭취량

조사대상자들의 1일 1인당 식품섭취 상태를 보면 성인기 남녀의 총 식품 섭취량이 가장 높았고, 노인기 남녀에게서 가장 낮았다. 식물성 식품 섭취량은 남자의 경우 성인이 가장 높았고, 노인이 가장 낮았으며, 여자의 경우 성인이 노인이나 아동보다 유의적으로 많이 섭취하였다. 음료와 양념류를 포함한 기타 식품 섭취량 역시 남녀 모두 가장 높았다. 기타 식품 섭취량에 가장 큰 영향을 미친 것은 음료 섭취인 것으로 조사되었다. 성인과 노인의 경우 음료 섭취량의 대부분은 알코올로 조사되었고, 아동과 청소년의 경우는 탄산음료였다. 동물성 식품의 경우 아동 남녀가 각각 486.5g과 434.3g을 섭취하여 성인이나 노인에 비해 높았으며, 노인 남녀의 섭취량이 가장 낮았다. 식물성 식품 중 남자는 곡류군, 당류, 채소류, 과일류의 섭취량이 연령군에 따라 유의적인 차이를 보였고, 여자의 경우 곡류, 감자류, 두류, 채소류, 과일류 및 유지류의 섭취량이 연령군에 따라 유의적인 차이를 나타내었다. 동물성 식품의 경우 남녀 모두 육류, 난류, 생선류, 우유 및 유제품의 섭취량이 각 연령군에 차이를 보였으며, 육류의 경우 노인이 가장 적게 섭취하였고, 청소년이 가장 많이 섭취하였다. 생선류는 노인이 가장 많이 섭취하였고, 아동군이 가장 적게 섭취한 반면, 우유 및 유제품 섭취량은 노인군이 35g 이하로서 가장 적었고, 아동군이 250g 이상으로서 가장 많았다. 이와 같이 아동기 남녀의 우유 및 유제품 섭취량이 다른 연령층에 비해 높은 것은 학교 급식의 영향인 것으로 생각되며, 노인 연령층에서 우유 및 유제품의 섭취량이 낮은 것은 우유를 섭취하였을 때 발생하는 lactose intolerance 증상 때문에 우유의 섭취를 기피한 것이 하나의 원인인 것으로 추측된다.

　'98년도 국민건강·영양조사 결과[38] 아동의 식물성 식품 섭취량은 남자 911.6g, 여자 822.3g, 동물성 식품 섭취량은 남자 362.2g, 여자 309.5g이었으며, 총 식품 섭취량은 남자 1273.6g, 여자 1131.8g로서 본 조사 대상 아동과 비교 시 식물성 식품과 총 식품 섭취량은 남녀 모두 높았으나, 동물성 식품 섭취량은 본 조사대상자가 높았다. 본 조사대상 청소년, 성인 여자, 노인 연령군의 식물성 식품과 총 식품 섭취량 역시 '98년도 국민건강·영양조사 결과[38]보다 적었으나, 동물성 식품 섭취량은 본 조사대상자가 높았다. 성인 남자의 총 식품 섭취량 및 동물성 식품 섭취량은 '98년도 국민건강·영양조사 결과[38]나 농촌지역을 대상으로 한 연구결과[170]보다 본 조사대상자가 많이 섭취하였으며, 총 식품 섭취량의 경우 400g 정도 본 조사대상자가 더 섭취하였다. 이 차이는 본 조사대상자 중 성인에게서 '98년도 국민건강·영양조사 결과[38]나 농촌지역을 대상으로 한 연구결과[170]보다 동물성 식품과 음료의 섭취량이 많았기 때문에 초래되었다. 본 조사대상자에게서 동물성 식품 섭취량이 높았던 것은 아동, 청소년, 성인군의 경우 우유 및 유제품의 섭취량이 많았으며, 노인의 경우 생선류의 섭취량이 많았기 때문이었다. 본 조사대상자의 우유 및 유제품 섭취량이 농촌지역에 비해 높은 것은 지역적·경제적인 차이도 있겠지만, 우유 섭취와 골밀도에 관한 대중매체를 통한 영양교육의 효과인 것으로 사료된다. 또한 본 조사대상자들의 식물성 식품 섭취량이 '98년도 국민건강·영양조사 결과[38]보다 낮았던 것은 본 연구에서는 음료, 양념류 및 기타 식품을 제외하고 식물성 식품 섭취량을 계산하였기 때문이다. 본 조사 대상자들의 식물성 식품과 기타 식품을 모두 합산하면 성인과 청소년의 식물성 식품 섭취량은 '98년도 국민건강·영양조사 결과[38]와 비슷한 수준이었다.

1일 1인당 영양소 섭취량을 보면 성인과 청소년이 노인보다 높은 것으로 나타났다. 에너지 섭취량은 성인 남자에게서 가장 높았으며 노인 남녀가 가장 낮았고, 단백질 역시 노인이 적게 섭취하였다. 단백질 섭취 경향을 보면 아동군이나 청소년군은 식물성 단백질보다 동물성 단백질의 섭취비율이 높았으나 노인은 아동이나 청소년에 비해 동물성보다는 식물성 단백질의 섭취비율이 높았고, 지방 역시 아동, 청소년 및 성인의 50% 수준으로 매우 적게 섭취하였다. 칼슘 섭취량은 아동 남녀에게서 가장 높았으며, 노인 남녀의 칼슘 섭취량은 500mg 이하로서 가장 낮은 수준이었다. 또한 식이 칼슘의 구성을 보면 아동 및 청소년 남녀와 성인 여자는 식물성 칼슘보다 동물성 칼슘의 섭취량이 많았으나 성인 남자와 노인 남녀는 동물성 칼슘보다 식물성 칼슘을 많이 섭취한 것으로 나타났다. '98년도 국민건강·영양조사 결과[38]와 농촌지역을 대상으로 한 조사[170]에서도 노인 연령군의 칼슘 섭취량이 아동, 청소년, 성인군에 비해 낮아 본 연구결과와 비슷한 경향을 보였으나, 그 외 연령군에서는 칼슘의 섭취량이 모두 비슷한 수준이었다. 그러나 본 연구에서는 아동군에게서 칼슘 섭취량이 매우 높았는데 이는 아동군의 우유 및 유제품 섭취량이 다른 연령군에 비해 높아 동물성 칼슘의 섭취량이 높았기 때문에 나타난 결과였다. 비타민 A, 티아민, 리보플라빈, 나이아신 섭취량 역시 노인군이 가장 낮았다. 에너지 섭취량에 대한 탄수화물의 섭취비는 노인 남자 68.0%, 여자 70.3%로서 아동, 청소년, 성인에 비해 높았으나, 지방 섭취비는 노인군이 다른 연령군에 비해 가장 낮아 '98년도 국민건강·영양조사 결과[38]나 농촌지역을 대상으로 한 최근의 연구[170]와 유사한 결과를 보였다. 이는 노인의 식생활이 우리 고유의 식생활을 유지한 반면 아동, 청소년, 성인의 식생활이 서구화되어 가고 있기 때문에 나타난 현상으로 생각된다.

 본 조사대상자들의 영양소 섭취량을 권장량과 비교해 보면 아동의 경우 대부분의 영양소 섭취량이 권장량 수준을 넘는 것으로 나타났으나 노인군에서는 단백질, 인, 나이아신을 제외한 모든 영양소 섭취량이 권장량에 미달인 것으로 나타나 영양섭취 상태가 가장 불량한 취약집단인 것으로 나타났다. 모든 연령군에서 권장량 수준이나 또는 권장량을 넘게 섭취한 영양소는 남자의 경우 단백질, 인, 나이아신, 비타민 C이었고, 여자의 경우 단백질, 인, 비타민 C였으며, 권장량에 미달되게 섭취한 영양소는 남자의 경우 칼슘이었고, 여자의 경우 에너지, 칼슘, 철분으로 조사되어 남자보다 여자의 영양섭취 상태가 나쁜 것으로 나타났다. '98 국민건강·영양조사 결과[38]에 의하면 칼슘 섭취량이 남자의 경우 성인은 권장량의 80% 수준이었으나, 청소년과 노인의 경우 권장량의 65% 이하로서 가장 낮게 나타났고, 여자의 경우에도 성인은 권장량의 70% 정도였으나, 청소년과 노인은 권장량의 60% 이하로서 매우 부족하게 섭취하여 모든 연령군에서 권장량에 미달인 영양소인 것으로 나타났다. 또한 본 조사결과와 마찬가지로 노인 연령군의 영양섭취 상태가 가장 불량한 것으로 나타났는데, 이들은 인과 비타민 C를 제외한 모든 영양소의 섭취량이 권장량 이하에 머물렀다.

영양소 섭취 상태의 질을 평가할 수 있는 NAR을 보면 아동 남자가 다른 연령층에 비하여 높았고, 노인 여자의 영양 상태가 가장 낮았으며, 남자보다 여자의 영양 상태가 나쁜 것으로 조사되어 농촌지역을 대상으로 한 연구[170] 결과와 유사하였다. 영양소 중 칼슘의 NAR이 다른 영양소에 비해 낮게 나타났는데, 아동 남자의 NAR값은 0.82로서 다른 연령군에 비해 유의적으로 높아 양호한 상태였으나, 청소년과 노인 남녀의 경우 0.7 이하로 불량한 상태였으며, 특히 노인 여자의 경우는 0.54로 매우 부족한 영양소 중 하나였다. 노인 여자의 경우 칼슘 이외에 비타민 A, 리보플라빈의 NAR이 0.6 이하로 조사되어 이들 영양소의 섭취 상태 역시 매우 불량한 것으로 나타났다.

영양섭취 상태의 적정도를 평가할 수 있는 MAR을 보면 아동 남자가 0.94로 청소년, 성인, 노인보다 높았으며, 노인 남녀가 0.73과 0.70으로서 다른 연령군에 비해 유의적으로 낮았다. 유춘희 등은[170] MAR값에 의해 식이의 질을 평가하는 기준을 설정하기 위한 연구를 행하였으며, 그 연구결과 MAR이 0.9 이상이면 '매우 우수', 0.8 이상이면 '우수', 0.7 이상이면 '보통', 0.6 이상이면 '불량'으로 판정될 수 있다고 제안하였다. 이 기준에 의하여 본 조사대상자가 섭취한 식이의 질을 평가해 보면 아동 남자는 0.94로 '매우 우수'하였고, 아동 여자, 청소년 남녀 및 성인 남녀는 0.80 이상으로 '우수'한 것으로 판정할 수 있으며, 노인 남녀는 0.73과 0.70으로 '보통'으로 판정될 수 있다. 농촌지역을 대상으로 한 연구한 유춘희 등[170]과 이심열[171]의 연구에서 노인 대상자들의 MAR이 0.7 이하로 조사되었고, 노인 이외의 연령층 역시 0.8 이하로 조사되어 본 조사대상자들의 영양섭취 상태가 좋은 것으로 조사되었다. 이 차이는 본 조사대상자들이 도시지역에 거주하였기 때문에 나타난 지역적인 차이로 보이며, 전반적인 식품의 섭취량이 농촌지역보다 높기 때문에 전체적인 영양 상태가 양호한 것으로 사료된다. 또한 유춘희 등[170]과 이심열[171]의 연구에서와 마찬가지로 다른 연령층에 비해 노인 연령층의 MAR이 가장 낮아 다른 연령층에 비해 영양 상태가 불량한 것으로 나타났다.

3. 골밀도와 식이 요인과의 관계

대퇴경부의 골격 건강 상태에 따른 식품 섭취량을 보면 골격 건강 상태가 좋은 군에서 총 식품 섭취량이 많았으며, 남자의 골격 건강 상태보다 여자의 골격 건강 상태가 식품 섭취량의 영향을 더 많이 받는 경향이었다. 골격 건강 상태가 나쁜 군에서 섭취량이 유의하게 낮아진 식품들은 남자의 경우 감자류, 당류, 두류, 견과류, 채소류, 버섯류, 우유 및 유제품, 양념류, 동물성 식품, 총 식품섭취량이었으며, 아동군의 경우 두류와 채소류의 섭취량이, 청소년의 경우 감자류와 양념류가, 성인의 경우 두류, 견과류 및 우유 및 유제품의 섭취량이, 노인의 경우 당류, 두류, 버섯류, 우유 및 유제품, 동물성 식품 및 총 식품 섭취량이 골격 건강 상태에 유의한 영향을 미치는 것으로 나타났다.

여자의 경우에 골격 건강 상태가 나쁜 군에서 그 섭취량이 유의하게 낮아진 식품들은 곡류, 견과류, 버섯류, 과일류, 육류, 난류, 생선류, 음료, 식물성 식품, 동물성 식품, 총 기타 식품 및 총 식품섭취량이었으며, 아동군의 경우 견과류, 생선류, 식물성 식품 및 식품 섭취량이, 청소년의 경우 난류 섭취량이, 성인의 경우 견과류, 버섯류, 과일류, 육류, 음료, 식물성 식품, 동물성 식품 및 총 식품 섭취량이, 노인의 경우 곡류, 버섯류, 육류 섭취량이 골격 건강 상태에 유의한 영향을 미쳤다.

두류의 경우 골격 건강 상태가 나쁜 청소년 여자에게서 섭취량이 많아 본 조사의 남자 대상자들의 결과와 상반되었고, 두류 섭취가 골 건강 상태에 양호한 영향을 미친다는 여러 선행연구[114-119]들과도 상반된 결과를 보였다. 본 연구에서는 조사대상자들의 하루 식이 섭취량을 조사 분석하였으며 두류 섭취량이 골밀도를 증가시킨다든지 감소시킨다든지 하는 결과를 내리기에 본 연구의 조사일수가 부족하다고 생각된다. 그러므로 여러 날의 식이 섭취 조사결과를 얻은 후 골밀도와 두류 섭취와의 관련성에 대한 연구가 더 수행되어

져야 할 것으로 사료된다.

전체적으로 식품 섭취량은 골격 건강 상태 유지와 밀접한 관계가 있는 것으로 생각된다. 특히 이는 식품섭취 상태가 불량한 남자 노인들에게서 가장 뚜렷하여 osteopenia나 osteoporosis 증세를 가진 남자 노인들은 총 식품 섭취량, 동물성 식품 섭취량뿐 아니라 우유 및 유제품을 포함한 몇 개 식품군의 섭취량이 정상군에 비하여 유의하게 낮았다. 우유 및 유제품 섭취량은 성인 남자의 osteopenia group에서도 normal group에 비하여 유의하게 낮아졌다. 식품섭취 량의 영향은 청소년기에도 나타나 연령에 상관없이 균형된 식사와 충분한 식품 섭취가 골격 건강을 위해 요구됨이 밝혀졌다.

여자들의 경우에는 노인군보다는 성인에게서 식품 섭취량의 영향이 더 많이 나타나 총 식품 섭취량, 동물성 및 식물성 식품 섭취량을 비롯하여 몇 개 식품의 섭취량이 osteopenia group에서 유의하게 낮았다. 결국 식품 섭취량은 골격 건강 상태에 영향을 미치는 주요 인자임에 틀림없고 식품 섭취량과 골격 건강 상태와의 관계로부터 평가된 취약집단은 남자 노인과 성인 여자인 것으로 생각된다.

국내·외에서 이루어진 여러 선행연구결과에서도 다양한 식품의 섭취량이 골격 건강 상태에 영향을 미치는 것으로 보고한 바 있다.[40, 172-174] 특히 본 조사결과와 마찬가지로 곡류, 당류, 우유 및 유제품, 난류, 유지류 등의 섭취량이 골격 건강 상태와 관계가 있다고 보고되었다.

식품 섭취량 이외에 영양소 섭취량 역시 골격 건강 상태에 영향을 미치는 것으로 나타났다. 즉, 대퇴경부 골격 건강 상태에 따른 각 연령군별 영양소 섭취량을 보면 전체적으로 골격 건강 상태가 가장 좋은 군의 영양소 섭취량이 연령에 상관없이 많은 경향이었

96

다. 특히 아동 여자의 골격 건강 상태가 영양소 섭취량의 영향을 가장 많이 받는 것으로 나타났고, 다음이 성인 여자, 노인 남자인 것으로 조사되었으며, 청소년 여자의 골 건강 상태는 영양소 섭취량과 유의한 관계를 보이지 않았다. 또한 대체적으로 남자보다 여자의 골격 건강 상태가 여러 영양소의 영향을 더 받는 경향이었다. 골격 건강 상태에 따라 섭취량이 유의하게 달라진 영양소들은 남자의 경우 식물성 단백질, 칼슘, 동물성 칼슘, 식물성 칼슘, 인, 철, 티아민, 리보플라빈, 비타민 C 등이었으며, 식물성 단백질은 아동, 성인 및 노인 골격 건강 상태에 영향을 미쳤고, 칼슘 섭취량은 노인의 골격 건강 상태가 나쁠 때 유의하게 낮아졌다. 동물성 칼슘은 노인의 골격 건강 상태에, 식물성 칼슘은 청소년과 성인의 골격 건강 상태에 영향을 미치는 것으로 나타났다. 즉 칼슘 섭취량은 아동을 제외한 연령층의 남자 골격 건강 상태에 영향을 미치는 식이 인자인 것으로 확인되었다. 단백질과 칼슘 이외에 남자의 골격 건강 상태에 큰 영향을 미친 영양소는 비타민 C로 아동, 청소년 및 노인의 골격 건강 상태가 나쁜 군에서 정상군에 비하여 유의하게 낮아졌다.

　여자의 경우 에너지, 단백질, 동물성 단백질, 식물성 단백질, 지방, 탄수화물, 칼슘, 철, 티아민, 비타민 A, 나이아신, 비타민 C 등의 섭취량이 골격 건강 상태에 따라 달라졌다. 에너지와 단백질 섭취량은 아동과 성인의 골격 건강 상태에 영향을 미쳤으며, 식물성 단백질은 성인의 골격 건강 상태에, 동물성 단백질은 아동과 성인의 골격 건강 상태에 영향을 미치는 것으로 나타나 아동과 성인의 단백질 섭취량이 골격 건강 유지에 중요한 요인인 것으로 확인되었다. 이외에 칼슘, 철, 티아민 섭취량도 아동의 골격 건강 상태가 나쁜 군에서 유의하게 낮았다. 청소년군의 경우 영양소 섭취량이 골격 건강 상태에 유의한 영향을 미치지 않았으며, 성인의 경우 에너지 와 단백질 이외에 지방, 탄수화물, 인, 철, 비타민 A, 티아민, 리보 플라빈이, 노인의 경우 지방 섭취비가 골격 건강 상태가 나쁜 군에 서 유의하게 낮았다.

이상에서 개별적으로 몇 가지 영양소의 섭취량이 골격 건강 상태 에 따라 분류된 group에 유의차가 있었던 결과에 대하여 고찰하였 다. 그러나 골격 건강 상태에는 여러 영양소의 섭취량이 복합적으 로 영향을 미칠 수 있기 때문에 영양섭취적정도(MAR)와 골격 건 강 상태와의 관계를 분석하였다.

그 결과 MAR은 남자의 모든 연령층에서 골격 건강 상태가 불량 해지면 그에 따라 낮아지는 경향을 보였으며, 아동 남자에서는 골 격 건강 상태가 가장 나쁜 low group의 MAR값이 건강 상태가 좋 은 high group과 middle group보다 유의하게 낮았다. 여자의 경우 에도 아동, 성인, 노인에게서 골격 건강 상태가 좋은 군과 가장 나 쁜 군의 MAR값이 서로 유의한 차를 보였다. 아동 여자, 청소년 남 자, 성인 남자 및 노인 남녀에게서 골격 건강 상태가 나쁜 군의 MAR값이 모두 0.8 미만에 불과했으며, 특히 노인 여자의 경우 골 건강 상태가 가장 나쁜 군의 MAR값이 0.62로서 영양 상태가 불량 한 것으로 나타났다. 이로 보아 전체적인 식이의 질이 골 건강 상 태에 영향을 미쳤으며 영양섭취 적정도가 양호한 사람일수록 골 건 강 상태도 좋다는 사실이 확인되었다.

앞에서 논의한 것처럼 국내·외 많은 연구결과[40, 74, 93, 97, 98, 110]들은 영양소 섭취 상태가 골밀도에 영향을 미치는 주요 인자임을 밝히고 있다. 본 연구에서도 연령군에 따라 다르기는 하나 골밀도 수준이 낮은 군에서 영양소 섭취량이 유의하게 낮은 것을 확인하였다. 그러므로 영양소별 영양권장량을 기준으로 어느 정도 부족하게 섭취하였을 때 골밀도를 낮출 수 있는지 밝히기 위하여 영양소 섭취수준에 따라 연령별로 세 군(〈75% of RDA, 75~125% of RDA,〉 125% of RDA)으로 나누어 골밀도를 비교 분석하였다.

그 결과 영양소 섭취수준에 따라 골밀도가 유의하게 낮아진 것은 대부분의 영양소 권장량의 75% 미만을 섭취한 경우였다. 나머지 두군(75~125% of RDA〉, 125% of RDA) 간에는 유의차가 거의 없었다. 다만 성인 남자의 경우 비타민 C 권장량 섭취비가 75~125%인 군의 대퇴경부 골밀도가 125% 이상인 군에 비하여 유의하게 낮아졌을 뿐이었다. 여자의 경우 아동과 노인에서 영양소 섭취량과 골밀도 사이에 유의한 차이가 있는 것으로 나타났을 뿐 청소년과 성인에서는 각 군 간에 유의차를 보이지 않았다.

영양소 섭취수준에 따른 골밀도와 골 건강 상태에 따른 골밀도를 비교해 보아도 영양소 권장량의 75% 미만 섭취한 군의 대퇴경부 골밀도 수준은 골 건강 상태가 나쁜 군의 대퇴경부 골밀도와 유사하거나 그보다 낮았다. 아동 남자의 경우 에너지 권장량 섭취비가 75% 미만인 군의 대퇴경부 골밀도는 $0.39g/cm^2$로서 골 건강 상태가 나쁜 low group의 $0.46g/cm^2$보다 낮았고, 비타민 A 권장량 섭취비가 75% 미만인 군의 대퇴경부 골밀도는 low group보다는 높고 middle group보다는 낮았다. 아동 여자의 경우 단백질과 인 권장량 섭취비가 75% 미만인 군의 대퇴경부 골밀도는 각각 $0.41g/cm^2$와 $0.46g/cm^2$로서 low group $0.43g/cm^2$와 비슷하였으며, 에너지, 티아민, 나이아신의 권장량 섭취비가 75% 미만인 군의 대퇴경부 골밀도는 각각 $0.51g/cm^2$, $0.49g/cm^2$, $0.53g/cm^2$로서 low group보다 높았으나, middle group보다는 낮았다. 또한 청소년 남자의 경우 인 권장량 섭취비가 75% 미만인 군의 골밀도가 low group의 골밀도보다 낮았으나, 청소년과 성인 남자의 경우 티아민 권장량 섭취비가 75% 미만인 군의 골밀도는 low group보다 높고, high group보다는 낮았다. 즉, 골격 건강 상태와 영양소 섭취 상태는 밀접한 관련이 있는 것으로 나타났으며, 어떤 연령층을 막론하고 모든 영양소들을 권장량 이상 섭취하면 골밀도가 충분히 성장, 성숙 및 유지될 수 있는 것으로 확인되었다. 반면 권장량의 75% 미만 섭취하는 영양소의 종류가 증가하면 골밀도 유지에 부정적인 영향이 나타날 수 있다고 본다.

4. 골밀도와 관련 요인들의 다중회귀분석

본 연구에서는 골밀도에 영향을 미치는 여러 식이 요인들과 가장 강력한 골밀도 결정인자인 것으로 알려진 체위요인들의 복합적인 영향을 밝히기 위하여 먼저 체위, 식품 섭취량, 영양소 섭취량과 골밀도의 상관관계를 Pearson's coefficient(r)에 의하여 평가해 보았다.

그 결과 체위는 모든 연령층에서 골격 부위에 따라 차이는 있지만 키, 체중 및 BMI가 골밀도에 영향을 미치는 주요 인자였다. 남자에게서는 체중과 BMI에 의한 영향이 컸고, 여자에게서는 아동과 노인의 경우 키와 체중에 의한 영향이, 청소년과 성인의 경우 체중에 의한 영향이 큰 것으로 나타나 여러 선행연구[25, 40, 97, 98, 175, 176]들과 유사한 결과를 보였다.

식이 요인이 골밀도에 미치는 영향을 조사하기 위해 키, 체중 및

BMI에 보정한 후 식이 요인과 골밀도 사이의 상관관계를 보았다는 연구방법들이 여러 선행연구들[74, 91, 94, 140, 177] 에서 보고되고 있다. 본 연구에서도 체위와 골밀도 사이에 높은 상관관계가 있는 것으로 조사되어 선행연구들과 마찬가지로 식이 요인과 골밀도를 키와 체중에 보정한 후 이들 사이의 상관관계를 보았다. 그 결과 아동 남자와 노인 여자가 식품 및 영양소 섭취량의 영향을 더 많이 받는 것으로 조사되었다. 연령군 및 성별에 따라 차이는 있지만 식품 중 두류, 견과류, 채소류, 감자류 및 버섯류 섭취량은 골밀도를 증가시키는 요인이었으나, 곡류, 육류, 두류(청소년 여자), 총 식물성 식품 섭취는 골밀도를 감소시키는 요인이었다. 영양소 중 식물성 단백질, 칼슘, 식물성 칼슘, 철, 비타민 A, 리보플라빈, 비타민 C는 남자의 골밀도를 증가시키는 요인이었으나, 여자의 경우 식물성 단백질(청소년), 식물성 칼슘 및 Ca/P는 골밀도를 감소시키는 요인이었고, 비타민 A, 에너지, 단백질, 식물성 단백질(노인), 철 등은 골밀도를 증가시키는 요인이었다. 이와 같이 여러 식품 및 영양소가 각 연령군별 골밀도에 영향을 미치는 것으로 조사되었는데 이와 유사한 연구결과들이 여러 선행연구[40, 97, 175, 178] 에 의하여 보고된 바 있다.

이들 상관관계에서 나타난 식이 요인들을 사용하여 다중회귀분석을 실시한 결과 아동 남녀의 대퇴경부 골밀도에 우선적으로 영향을 미치는 인자는 MAR로 각각 8.43%와 13.4%의 설명력을 보였고, 다음이 견과류로 조사되었다. MAR과 견과류 이외에 남자의 경우 감자류가 골밀도를 감소시키는 인자로 조사였고, 여자의 경우 리보플라빈과 육류가 골밀도에 영향을 미치는 인자였다. 청소년 남자의 경우 식물성 칼슘, 감자류, 당류 및 칼슘이 골밀도에 영향을 미치는 요인으로 조사되었고 이들 요인에 의한 설명력은 21.8%이었으며,

이들 요인 중 칼슘은 골밀도를 감소시키는 인자였다. 청소년 여자의 경우 골밀도에 난류 섭취가 가장 큰 영향을 미치는 인자로서 6.3%의 설명력을 보였으며, 두류 섭취는 청소년 여자의 골밀도를 감소시키는 요인이었다.

성인 남자의 골밀도는 두류와 우유 및 유제품 섭취량에 의해서 성인 여자의 골밀도는 버섯류 섭취량에 의해서 영향을 받았으며, 이들 요인에 의한 설명력은 각각 15.1%와 4.2%이었다. 노인의 경우 다른 연령층에 비해 다양한 식이 요인이 골밀도에 영향을 미치는 것으로 나타났다. 남자의 경우 비타민 C, 두류 및 식물성 식품의 섭취량이, 어지의 경우 MAR, 칼슘, 버섯류, 단백질 및 총 식품 섭취량이 골밀도에 영향을 미쳤으며, 이 중 총 식물성 식품, 칼슘 및 총 식품 섭취량은 골밀도를 감소시키는 요인이었다.

식품 중 감자류는 아동 남자의 골밀도를 감소시키는 인자로, 청소년 남자의 골밀도를 증가시키는 인자로 조사되어 두 연령층에서 상반된 결과를 보였다. 감자류 이외에 두류 역시 청소년 여자에게서는 골밀도를 감소시키는 인자로 성인 남자와 노인 남자에게서는 골밀도를 증가시키는 인자로 조사되어 상반된 결과를 보였다. 즉, 골격 건강 상태에 따른 식품 섭취량을 보면 아동 남자의 경우 감자류의 섭취량이 low group에서 높았으며, 청소년 여자의 경우 low group에서 두류의 섭취량이 높았다. 그 외의 연령층에서는 골격 건강 상태가 좋은 group에서 두류와 감자류의 섭취량이 많았다. 이와 같이 연령층에 따라 서로 다른 결과를 보인 것은 연령층에 따른 식습관의 차이에 의한 영향으로 사료된다.

이와 같이 연령층에 따라 남녀의 골밀도에 영향을 미치는 인자가 서로 다르며 일관된 결과를 보이지 않았으나 여러 식이 요인이 골

밀도에 영향을 미쳤고 이들 요인 첨가 시 설명력은 증가하여 연령
층에 따라서는 20% 이상의 설명력을 보였다.

 Kardinaal 등[90]이 사춘기(11~15세)와 성인 여자(20~23세)를 대
상으로 행한 연구에 의하면 사춘기 여자의 경우 체위 이외에 초경연
령이 골밀도에 영향을 미치는 주요 인자였으나, 성인 여자의 경우 체
위 이외에 칼슘 섭취량이 가장 많은 영향을 미치는 인자이었다고 한
다. 또 Teegarden 등[96]도 체중 이외에 사춘기 동안의 우유 섭취량과
현재의 칼슘 섭취량이 골밀도에 영향을 미치는 주요 인자라고 보고
하였다. 그러나 본 연구에서는 우유 섭취량에 의한 영향은 성인 남자
에게서만 나타났으며, 칼슘에 의한 영향은 여러 선행연구들과는 달
리 청소년 남자와 노인 여자의 골밀도를 감소시키는 인자였다. 이들
두 연령층의 골격 건강 상태에 따른 칼슘 섭취량을 보면 청소년 남
자의 경우 group간에 차이가 없었으며, 동물성 칼슘의 경우 low
group에서 유의적인 차이는 아니지만 high group보다 높게 섭취하였
다. 노인의 경우 normal group의 칼슘의 섭취량이 osteopenia group
과 osteoporosis group보다 낮았다. 즉, osteopenia나 osteoporosis group
이 normal group보다 우유 및 유제품의 섭취량이 많았으며, 이들
group에서 골다공증 및 칼슘에 대한 관심이 높기 때문에 나타난 현
상으로 생각된다.

 국내의 선행연구에서도 여러 식이 요인이 골밀도에 영향을 미치
는 것을 조사되었는데[25, 40, 97, 99, 175, 178] 주 식이 요인으로 칼슘, 인, 단
백질, 티아민 및 에너지 소모량 등이 보고되어 왔다. 그러나 본 연
구결과에서는 개별적인 영양소 이외에 MAR이 골밀도에 영향을 미
치는 가장 중요한 요인 중의 하나인 것으로 확인되었다.

VI. 요약 및 결론

본 연구는 도시지역에 거주하는 아동(남녀 각 80명, 연령 7~8세), 청소년(남자 83명, 여자 84명, 연령 15~18세), 성인(남자 87명, 여자 100명, 연령 25~35세) 및 노인(남자 97명, 여자 120명, 연령 60세 이상)을 대상으로 식이 요인이 연령별 골밀도에 어떠한 영향을 미치는지 알아보기 위하여 실시되었다.

본 연구결과를 요약하면 다음과 같다.

1. 조사대상자의 평균 연령은 아동 남녀 각각 7.7세, 청소년 남자 16.8세, 여자 15.8세, 성인 남자 29.5세, 여자 28.7세였고, 노인 남자 72.1세, 여자 68.7세였으며, 신장과 체중은 아동 남자 128.4cm, 29.5kg, 여자 127.2cm, 27.3kg, 청소년 남자 172.2cm, 64.7kg, 여자 161.6cm, 52.4kg, 성인 남자 172.5cm, 71.2kg, 여자 159.4cm, 52.7kg, 노인 남자 163.6cm, 63.0kg, 여자 150.9cm, 55.6kg이었으며, RBW(relative body weight)와 BMI 모두 정상 범위에 속하였다.

2. 조사대상자들의 평균 골밀도는 대퇴경부의 경우 아동 남자 $0.66g/cm^2$, 여자 $0.61g/cm^2$, 청소년 남자 $1.04g/cm^2$, 여자 $0.88g/cm^2$, 성인 남자 $1.04g/cm^2$, 여자 $0.90g/cm^2$, 노인 남자 $0.74g/cm^2$, 여자 $0.64g/cm^2$였으며, 요추의 경우 아동 남자 $0.69g/cm^2$, 여자 $0.67g/cm^2$, 청소년 남자 $0.98g/cm^2$, 여자

0.96g/cm^2, 성인 남자 1.19g/cm^2, 여자 1.15g/cm^2, 노인 남자 1.02g/cm^2, 여자 0.80g/cm^2로 남녀 모두 성인이 높았고, 아동이 가장 낮았다.

3. 대퇴경부의 골격 건강 상태에 따른 분포를 보면 성인의 경우 normal에 속하는 비율이 85% 이상이었으며, osteopenia에 속하는 비율이 남자 5.7%였고, 여자 11.0%로 조사대상자의 대부분이 정상에 속하였다. 노인의 경우는 normal보다 osteopenia나 osteoporosis에 속하는 비율이 높아 남자의 경우 osteopenia 47.9%, osteoporosis 37.8%이었고, 여자의 경우 osteopenia 34.2%, osteoporosis 47.5%이었다.

4. 각 연령군별 식품 섭취량을 보면 식물성 식품, 기타 식품, 총 식품 섭취량은 성인이 높았고, 동물성 식품 섭취량은 아동이 유의적으로 높았다. 남자의 경우 곡류, 당류, 채소류, 과일류 및 동물성 식품 섭취량에서, 여자의 경우 곡류, 감자, 두류, 채소류, 과일류, 유지류 및 동물성 식품 섭취량에서 각 연령군간에 유의차가 있었다.

5. 1일 1인당 영양소 섭취량은 남녀 모두 청소년과 성인에게서 높았으나 칼슘은 아동 남녀 각각 635.5mg과 536.7mg을 섭취하여 가장 높았으며, 남녀 노인의 섭취량이 456.4mg, 387.6mg으로서 가장 낮았다. 에너지에 대한 탄수화물 섭취비율은 남녀 노인 각각 68.0%와 70.3%로서 세 연령군에 비해 높았고, 지방 섭취비율은 낮았다. 한국인 영양권장량에 대한 섭취비율을 보

면 칼슘은 남녀 모든 연령군에서 권장량 이하였으며, 인, 단백
질, 비타민 C의 섭취비율은 모든 연령군에서 권장량 수준이거
나 그 이상이었다.

6. 골격 건강 상태에 따른 식품섭취량을 보면 모든 연령군에서
골격 건강 상태가 좋은 군이 식품섭취량이 높았으며, 성인 여
자의 경우 견과류, 버섯류, 과일류, 육류, 음료, 식물성 식품,
동물성 식품, 기타 식품, 총 식품 섭취량이, 노인 남자의 경우
도 당류, 두류, 버섯류, 우유 및 유제품, 동물성 식품 및 총 식
품섭취량이 골격 건강 상태에 따른 group간에 유의적인 차이
가 있었다.

7. 골격 건강 상태에 따른 영양소 섭취량을 보면 남자보다 여자
의 영양소 섭취량이 골 건강 상태에 더 많은 영향을 미쳤다.
남자의 경우 식물성 단백질, 칼슘, 동물성 칼슘, 식물성 칼슘,
인, 철, 티아민, 리보플라빈 및 비타민 C의 섭취량이 연령군별
골격 건강 상태에 영향을 미치는 것으로 나타났으며, 여자의
경우 에너지, 단백질, 식물성 단백질, 동물성 단백질, 지방, 탄
수화물, 칼슘, 인, 철, 비타민 A, 티아민, 리보플라빈, 나이아신,
비타민 C, 에너지에 대한 탄수화물 및 지방섭취비가 연령군별
골격 건강 상태에 영향을 미치는 것으로 나다났다.

8. 골격 건강 상태에 따른 MAR을 보면 아동 남녀, 성인 여자 및
노인 여자에게서 골격 건강 상태에 따른 group간에 유의적인
차이를 보였고 골격 건강 상태가 좋은 군의 MAR값이 높았다.

9. 영양소별 RDA 섭취비율은 골밀도에 영향을 미친 것으로 나타
   났으며 연령군에 따라 그 영향이 다르기는 하나 에너지, 단백
   질, 인, 티아민, 나이아신 등의 영양소 섭취량이 권장량의 75%
   미만일 때 골밀도를 낮출 수 있는 것으로 나타났다.

10. 골밀도에 영향을 미치는 요인들을 다중회귀분석한 결과를 보
    면 연령군에 따라 차이는 있지만 여러 식이 요인이 골밀도에
    영향을 미치는 것으로 나타났는데, 아동 남녀와 노인 여자의
    대퇴경부 골밀도에 MAR이 가장 큰 영향을 미치는 인자였다.
    이외에 골밀도에 영향을 미치는 주요 식이 요인은 견과류, 감
    자류, 두류, 난류, 버섯류, 총 식물성 식품, 총 식품, 칼슘, 비타
    민 C 등 이었다.

이상의 연구결과를 종합하면 각 연령군별 골밀도에 여러 식이 요
인이 영향을 미치는 것으로 확인되었다. 그 영향은 남녀간 또는 연
령군에 차이가 나타나 남자보다 여자에게서 그 영향이 확실했고,
아동, 노인 및 성인 여자가 성인 남자와 청소년보다 다양한 식이
요인의 영향을 받는 것으로 나타났다. 식품 중 감자류, 당류, 두류,
견과류, 버섯류, 과일류, 육류, 우유 및 유제품, 식물성 식품, 동물성
식품 및 총 식품 섭취량이, 영양소 중 에너지, 단백질, 식물성 단백
질, 칼슘, 식물성 칼슘, 동물성 칼슘, 인, 철, 리보플라빈, 비타민 C
및 MAR 등이 골밀도에 영향을 미치는 주요한 식이 인자였다.
   이와 같이 본 연구에서도 우유 및 유제품 섭취량과 칼슘 섭취량
이 골밀도에 영향을 미치는 주요 인자인 것으로 확인되었으나 칼슘
뿐 아니라 단백질, 철, 비타민 A, 리보플라빈, 비타민 C 등 다른 영

양소들도 골밀도 유지를 위해서 필요한 영양소인 것으로 나타났으며 권장량의 75% 미만 섭취하는 영양소들의 종류가 늘어날 때 골밀도가 낮아질 수 있음을 유념해야 한다고 본다.

또한 본 연구결과 각 연령군별 골밀도에 영향을 미치는 식이 요인이 다양하였지만 전반적으로 식품 섭취량과 영양소 섭취량이 높은 사람들에게서 골격 건강 상태가 좋은 것으로 조사되었고, MAR이 골격 건강 상태에 영향을 미치는 주요 요인이었으므로 성장기 아동 및 골 성숙이 이루어지는 청소년, 골감소가 이루어지는 노인의 골격 건강 상태 유지를 위해서는 식품의 섭취량이나 영양소 섭취량이 부족되지 않아야 할 뿐 아니라 균형된 식사를 통하여 영양적정섭취도를 높이기 위한 노력이 있어야 할 것으로 본다.

참고문헌

1. Heaney RP, Gallagher JC, Johnston CC, Neer R, Rarfitt AM, Bchir MB, Whedon GD. Calcium nutrition and bone health in the elderly. Am J Clin Nutr 36:986-1013, 1982.

2. Raisz LG. Local and systemic factors in the pathogenesis of osteoporosis. N Engl J Med 318:818-828, 1988.

3. Shils ME, Olson JA, Shike H, Ross AC. Modern nutrition in health and disease 9th. Williams & Wilkins, Pennsylvania, 1999.

4. Wasnich RD. Bone mass measurements in diagnosis and asses -sment of therapy. Am J Med 91(suppl):54s-58s, 1991.

5. Spencer H, Kramer L. NIH Consensus Conference: Osteoporosis, factors contributing to osteoporosis. J Nutr 116:316-322, 1986.

6. Consensus Conference: Osteoporosis. JAMA 252:799-803, 1984.

7. Anderson JJB, Garner SC. Calcium and phosphorus in health and disease. CRC, 1996.

8. Christiansen C, Riis BJ. The silence epidemic: Postmenopausal osteoporosis. A hand book for the medical profession national osteoporosis society and the european foundation for ostcoporosis and bone disease. Handelstry kereit Aps, Aslborg Denmark, 1990.

9. Kanis JK, Melton Ⅲ LJ, Christiansen C, Johnston CC, Khaltaer N. The diagnosis of osteoporosis. J Bone Miner Res 9:1137-1141, 1994.

10. Jo SH. Menopause and Osteoporosis. J Korean Med Assoc 35(5):587 -598, 1992.

11. 조진호. 칼슘이 인체에 미치는 영향: 중년기의 골다공증 예방 및 대책. 제1회 기능성식품 세미나 초록집, 식품음료신문사, 1997.

12. Lim SK, Jung HC, Lee MK, Kim HM, Lee HC, Huh GB, Kim MH, Park BM. Risk factors for osteoporosis in Korean women. Kor J Intern Med 34(4):444-452, 1988.

13. Moon SJ, Choi EJ, Lee MH, Lim SK, Huh GB. A Study on the correlation between nutrients intake, physical activity and bone mineral density in postmenopausal women. Yonsei J of Living Science Research 7:27-37, 1993.

14. 이일하, 유춘희, 이상선, 김선희, 이연숙. 한국인 칼슘과 인의 권장량 설정 기준 연구-인체 칼슘과 인의 평형 및 골격 대사-1998년 보건복지부 연구과제 보고서, 1999.

15. Heaney RP, Recker RR, Saville PD. Calcium balance and calcium requirements in middle-aged women. Am J Clin Nutr 30:1603-1609, 1977.

16. Matkovic V, Kostial K, Simonovic I, Buzina R, Brodarec A, Nordin BEC. Bone status and fracture rates in two regions of Yugoslavia. Am J Clin Nutr 32:540-549, 1979.

17. Yano K, Heibrun LK, Wasnich RD, Hankin JH, Vogel JM. The relationship between diet and bone mineral content of multiple skeletal sites in elderly Japanese-American men and women living in Hawaii. Am J Clin Nutr 42:877-888, 1985.

18. Dawson-Hughes B. Calcium supplementation and bone loss: A review of controlled clinical trials. Am J Clin Nutr 54:274-280, 1991.

19. Jahng JS. Bone metabolism and its hormonal regulation. The New Med J 30(1):11-16, 1987.

20. Aloia JF, Cohn SH, Vaswani A, Yeh JK, Yuen K, Ellis K. Risk factors for postmenopausal osteoporosis. Am J Med 78:95-102, 1985.

21. Smith DM, Khairi MRA, Norton J, Johnston JRCC. Age and activity effects on rate of bone mineral loss. J Clin Invest 58:716-721, 1976.

22. 홍희옥, 유춘희. Ca과 Vitamin D 보충이 폐경 이후 여성의 뼈대사에 미치는 영향. 한국영양학회지 27(10):1025-1036, 1994.

23. Sower MFR. Epidemiology of calcium and vitamin D in bone loss. J Nutr 123:413-417, 1993.

24. Holick MF. Vitamin D and bone health. J Nutr 126:1159S -1164S, 1996.

25. 유춘희, 이양순, 이정숙. 한국 여대생의 골밀도에 영향을 미치는 요인 분석 연구. 한국영양학회지 31(1):36-45, 1998.

26. 정소영, 최미자. 식이 단백질량이 성장기 흰쥐의 골밀도에 대한 칼슘 효율에 미치는 영향. 한국영양학회지 28(9):817-824, 1995.

27. 장영은, 정혜경, 장남수, 이현수. 식이 단백질량에 따른 칼슘 수준이 성장기 흰쥐의 체내 칼슘 및 골격대사에 미치는 영향. 한국영양학회지 30(3):266-276, 1997.

28. 정혜경, 김종연, 이현숙, 김종여. 흰쥐에서 칼슘과 인의 섭취비율이 체내 칼슘 및 골격 대사에 미치는 영향. 한국영양학회지 30(7):813 -824, 1997.

29. 이정원, 황여숙, 홍성남, 임혜선. 식이 칼슘 섭취 수준이 고혈압 가족력이 있는 청년기 여성의 혈압 및 칼슘 대사에 미치는 영향. 한국영양학회지 26(6):728-742, 1993.

30. O'Brien KO, Allen LH, Quatromoni P, Siu-Caldera ML, Vieira NE, Perez A, Holick MF, Yergey AL. High fiber diets slow bone turnover in young men but have no effect on efficiency of intestinal calcium absorption. J Nutr 123(12):2122-2128, 1993.

31. Fehily AM, Coles RJ, Evans WD, Elwood PC. Factors affecting bone density in young adults. Am J Clin Nutr 56:579-586, 1992.

32. Hansen MA, Overgaard K, Riis BJ, Christiansen C. Role of peak bone mass and bone loss in postmenopausal osteoporosis: A 12 year study. Br Med J 303:961-964, 1991.

33. Holbrook TL, Barrett-Connor E. A prospective study of alcohol consumption and bone mineral density. Br Med J 306:1506-1509, 1993.

34. Vogel JM, Davis JW, Nomura A, Wasnich RD, Ross PD. The effects of smoking on bone mass and the rates of bone loss among elderly Japanese-American men. J Bone Miner Res 12(9):1495-1501, 1997.

35. 이연숙, 김은미. 성장기 동안 저칼슘식이를 섭취한 흰쥐에서 난소 절제 및 칼슘 섭취량이 골격대사에 미치는 영향. 한국영양학회지 31(3):279-288, 1998.

36. 이희자. 한국 여성의 골밀도와 운동과의 관계. 한국영양학회지 29(7):806-820, 1996.

37. 최은진, 이현옥. 일부 농촌지역 폐경 여성의 골격 상태에 영향을 미치는 요인에 관한 연구. 한국영양학회지 29(9):1013-1020, 1996.

38. '98 국민건강·영양조사. 보건복지부. 2000.

39. Alaimo K, McDowell MA, Briefel RR, Bischof AM, Caughman

CR, Loria CM, Johnson CL. Dietary intake of vitamins, mineral, and fiber of persons ages 2 months and over in the United States, Third National Health and Nutrition Examination Survey, Phase 1, 1988-91, Advance Data 258(Nov 14):1-28, 1994.

40. 이정숙, 유춘희. 농촌 성인 여성들의 골밀도에 영향을 미치는 요인 분석 연구. 한국영양학회지 32(8):934-944, 1999.

41. 오재준, 홍은실, 백인경, 이호선, 임현숙. 우리나라 폐경 전 여성에서 칼슘, 단백질, 인의 섭취 상태가 골밀도에 미치는 영향. 한국영양학회지 29(1):59-69, 1996.

42. Dawson-Hughes B, Dallal GE, Krall EA, Sadowski L, Sahyoun N, Tannenbaum S. A controlled trial of the effect of calcium supplementation on bone density in postmenopausal women. N Engl J Med 323:178-183, 1990.

43. Burger EH, Klein-Nulend J, Van Der Plas A, Nijweide PJ. Function of osteocytes in bone-Their role in mechanotransduction. J Nutr 125:2020s-2023s, 1995.

44. 골다공증(골조소증). 대한 골대사학회. 1991.

45. Riggs BL, Melton LJ. Involutional osteoporosis. N Engl J Med 314:1676-1686, 1986.

46. Mazess RB. On aging bone loss. Clinical Orthopaedics and Related Research 165:239 252, 1982.

47. 김화영. 골다공증과 식이인자. 한국영양학회지 27(6):636-645, 1994.

48. Bronner F, Stein WD. Calcium homeostasis-An old problem revisited. J Nutr 125:1987s-1995s, 1995.

49. Klaushofer K, Varga F, Glantsching H, Fratzl-selman N, Czerwenka

E, Leis HJ, Koller K, Peterlik M. The Regulatory role of thyroid hormones in bone cell growth and differentiation. J Nutr 125:1996s -2003s, 1995.

50. Klaushofer K, Hoffmann O, Gleispach H, Leis HJ, Czerwenka E, Koller K. Peterlik M. Bone-resorbing activity of thyroid hormones is related to prostaglandin production in cultured neonatal mouse calvaria. J Bone Min Res 4:305-312, 1989.

51. Raisz LG. Physiologic and pathologic roles of prostaglandins and other eicosanoids in bone metabolism. J Nutr 125:2024s-2027s, 1995.

52. Chambers TJ. The pathobiology of the osteoclast. J Clin Pathol 38:241-350, 1985.

53. Nicholson GC, Moseley JM, Sexton PM, Mendelsohn FAO, Martin TJ. Abundat calcitonin receptors in isolated rat osteoclasts: Biocheminal and autoradiographic characterization. J Clin Invest 78:355-361, 1986.

54. Kawaguchi H, Raisz LG, Alander C, Voznesensky O, Pilbeam C. Regulation of prostaglandin production and bone resorption by interleukin-4(IL-4) in cultured mouse calvariae. J Bone Min Res 9(suppl 1):263s, 1994.

55. Stern PH, Tatrai A, Semler DE, Lee SK, Lakatos P, Strieleman PJ, Tarjan G, Sanders JL. Endothelin receptors, second messengers, and actions in bone. J Nutr 125:2028s-2032s, 1995.

56. Tatrai A, Foster S, Lakatos P, Shankar G, Stern PH. Endothelin-1 actions on resorption, collagen and noncollagen protein systhesis, and phosphatidylinositol turnover in bone organ cultures. Endocrinology 131:603-607, 1992.

57. Lee SK, Stern PH. EndothelinB receptor activation enhances par athyroid hormone-induced calcium signals in UMR-106 cells. J Bone Min Res 10:1343-1351, 1995.

58. Arlot M, Edouard CM, Menier PJ, Neer RM, Reeve J. Impaired osteoblast function in osteoporosis: A comparison between calcium intake and dynamic histomorphometry. Br J Med 289:517-520, 1984.

59. Christiansen C, Lindsay R. Estrogen, bone loss and preservation. Osteoporosis Int 1:7-13, 1990.

60. Katzman DK, Bachrach LK, Carter DR, Marcus R. Clinical and anthropometric correlates of bone mineral acquisition in healthy adolescent girls. J Clin Endocrinol Metab 73:1332-1339, 1991.

61. Krabbe S, Christiansen C, Rodbro P, Transbol I. Effect of puberty on rates of bone growth and materialization: With observations in male delayed puberty. Arch Dis Child 54:950, 1979.

62. Mauras N, Haymond MW, Darmaun D, Vieira NE, Abrams SA, Yergey AL. Calcium and protein kinetics in prepubertal boys: Positive effect of testosterone. J Clin Invest. 93:1014, 1994.

63. Buchanan JR, Myers C, Lloyd T, Leuenberger P, Demers LM. Determinants of peak trabecular bone density in women: The role of androgens, estrogen and exercise. J Bone Miner Res 3:673-680, 1988.

64. Glastre C, Braillon P, David L, Cochat P, Meunier PJ, Delmas PD. Measurement of bone mineral content of the lumbar spine by dual X-ray absorptionmetry in normal children: Correlations with growth parameters. J Clin Endocrinol Metab 70:1130-1133, 1990.

65. Lloyd T, Rollings N, Andon MB, Demers LM, Eggli DF, Kieselhorst

K. Kulin H. Landis JR. Martel JK. Orr G. Smith P. Determinants of bone density in young women I : Relationships among pubertal development, total body mass, and total bone mineral density in premenarchal females. J Clin Endocrinol Metab 75:383-387, 1992.

66. Theintz G. Buchs B. Rizzoli R. Slosman D. Clavien H. Sizonenko PC. Bonjour JP. Longitudinal Monitoring of bone mass accumulation in healthy adolescents: Evidence for a marked reduction after 16 years of age at the levels of lumbar spine and femoral neck in female subjects. J Clin Endocrinol Metab 75:1060-1065, 1992.

67. Bonjour JP. Theintz G. Buchs B. Slosman D. Rizzoli R. Critical years and stages of puberty for spinal and femoral bone mass accumulation during adolescence. J Clin Endocrinol Metab 73:555 -563, 1991.

68. Matkovic V. Fontana D. Tominac C. Goel P. Chesnut III CH. Factors that influence peak bone mass formation: A study of calcium balance and the inheritance of bone mass in adolescent females. Am J Clin Nutr 52:878-888, 1990.

69. Zanchetta JR. Plotkin H. Alvarez Filgueira ML. Bone mass in children: Normative values for the 2-20 year old population. Bone 16(Suppl 4):393s-399s, 1995.

70. Young D. Hopper JL. Newson CA. Green RM. Sherwin AJ. Kaymakci B. Smid M. Guest CS. Larkins RG. Wark JD. Determinants of bone mass in 10-to 26-year-old females: A twin study. J Bone Miner Res 10(4):558-567, 1995.

71. Riggs BL. Wahner HW. Dunn WL. Mazess RB. Offord KP. Melton LJ. Differential changes in bone mineral density of the

appendicular and axial skeleton with aging. J Clin Invest 67:328-335, 1981.

72. Geusens P, Dequeker J, Verstraeten A, Nijs J. Age, sex and menopause related change of vertebral and peripheral bone: Population study using dual and single photon absorptiometry and radiogrammetry. J Nucl Med 27:1540-1546, 1986.

73. Mazess RB, Barden HS. Bone density in premenopausal women: Effects of age, dietary intake, physical activity and birth-control pills. Am J Clin Nutr 53:132-142, 1992.

74. Metz JA, Anderson JJB, Gallagher PN. Intake of calcium, phosphorus, and protein, and physical activity level are related to radial bone mass in young adult women. Am J Clin Nutr 58:537-542, 1993.

75. Venkataraman PS, Duke JC. Bone mineral content of healthy, full-term neonates: Effect of race, gender and maternal cigarette smoking. Am J Dis Child 145:1310-1312, 1991.

76. Teegarden D, Proulx WR, Martin BR, Zhao J, McCabe GP, Lyle RM, Peacock M, Slemenda C, Johnsten CC, Weaver CM. Peak bone mass in young adult women. J Bone Miner Res 10(5):711 -715, 1995.

77. Joseph Melton Ⅲ L, Atkinson EJ, O'Connor MK, O'Fallon WM, Riggs BL. Determinants of bone loss from the femoral neck in women of different ages. J Bone Miner Res 15:24-31, 2000.

78. Sowers MR, Galuska DA. Epidemiology of bone mass in premen -opausal women. Epidemiol Rev 15:374-98, 1993.

79. Ensrud KE, Palermo L, Black DM, Cauley J, Jergas M, Orwoll Es,

Nevitt MC, Fox Km, Cummings SR. Hip and calcaneal bone loss increase with advancing age: Longitudinal results from the study of osteoporotic fractures. J Bone Miner Res 10:1778-87, 1995.

80. Jones G, Nguyen T, Sambrook P, Kelly PJ, Eisoman JA. Progressive loss of bone in the femoral neck in elderly people: Longitudinal finding from the Dubbo osteoporosis epidemiology study. Med J 309:691-695, 1994.

81. Glynn NW, Meilahn EN, Charron M, Andersion SJ, Kuller LH, Cauley JA. Determinants of bone mineral density in older men. J Bone Miner Res 10:1769-1777, 1995.

82. Hannan MT, Felson DT, Anderson JJ. Bone mineral density in elderly men and women: Result from the framingham osteoporosis study. J Bone Miner Res 7:547-553, 1992.

83. Orwoll ES, Oviatt SK, McClung MR, Deffos LJ, Sexton G. The rate of bone mineral loss in normal men and the effects of calcium and cholecalciferol supplementation. Ann Intern Med 112:29-34, 1990.

84. 용석중, 임승길, 허갑범, 박병문, 김남현. 한국인 성인 남녀의 골밀도. 대한의학협회지 31(12):1350-1357, 1988.

85. 양승오, 이명식, 곽철은, 김성연, 이명철, 조보연, 이홍규, 고창순. 양광자 감마선 측정법을 이용한 한국인의 정상 골밀도치. 대학의학협회지 32(6):634-640, 1989.

86. 이희자. 한국여성의 연령별 골밀도와 그에 미치는 영향 인자에 관한 연구-대구지역을 중심으로. 계명대학교 박사학위논문, 1995.

87. 장순영, 오한진, 김수영. 폐경 전과 후 여성에서의 지질상태 및 골밀도 비교. 가정의학회지 18(9):910-917, 1997.

88. Johnston CC Jr, Slemenda CW. Changes in skeletal tissue during the aging process. Nutr Rev 50:385-387, 1992.

89. Anderson JJ, Tylavsky FA, Halioua L, Metz JA. Determinants of peak bone mass in young adult women: A review. Osteoporosis Int 3(suppl 1):s32-s36, 1993.

90. Kardinaal AFM, Hoorneman G, Väänänen K, Charels P, Ando S, Maggiolini M, Charzewska J, Rotily M, Deloraine A, Heikkinen J, Juvin R, Schaafsma G. Determinants of bone mass and bone geometry in adolescent and young adult women. Calcif Tissue Int 66:81-89, 2000.

91. Nguyen TV, Center JR, Eisman JA. Osteoporosis in elderly men and women: Effects of dietary calcium, physical activity and body mass index. J Bone Miner Res 15:322-331, 2000.

92. Marci CD, Viechnicki MB, Greenspan SL. Bone mineral densito -metry substantially influences health-related behaviors of postme -nopausal women. Calcif Tissue Int 66:113-118, 2000.

93. Freudenheim Jo L, Johnson NE, Smith EL. Relationships between usual nutrient intake and bonemineral content of women 35-65 years of age: Longitudinal and cross-sectional analysis. Am J Clin Nutr 44:863-76, 1986.

94. Lacey JM, Anderson JJB, Fujita T, Yoshimoto Y, Fukase M, Tsuchie S, Koch GG. Correlates of cortical bone mass among premenopausal and postmenopausal Japanese women. J Bone Miner Res 6:651-659, 1991.

95. Fujiwara S, Kasagi F, Yamada M, Kodama K. Risk factors for hip fracture in a Japanese cohort. J Bone Miner Res 12:998-1004, 1997.

96. Teegarden D, Lyle RM, PRoulx WR, Johnston CC, Weaver CM. Previous milk consumption is associated with greater bone density in young women. Am J Clin Nutr 69:1014-1017, 1999.

97. 김기량, 김경희, 이은경, 이상선. 일부 초등학생의 어머니를 대상으로 한 성인 여성의 골밀도에 영향을 미치는 요인에 관한 연구. 한국영양학회지 33(3):241-249, 2000.

98. 최선혜, 승정자, 김미현, 이숙연, 송숙자. 일부 폐경기여성의 채식군과 일반식군의 영양섭취 상태, 골대사 및 만성 퇴행성 질환의 위험인자에 관한 비교 연구. 대한지역사회영양학회지 4(3):412-420, 1999.

99. 이희자, 최미자. 한국 여성의 연령별 골밀도와 그에 미치는 영향인자에 관한 연구(Ⅰ)-골밀도와 영양 섭취 및 에너지 소모량과의 관계(대구지역을 중심으로). 한국영양학회지 29(6):622-633, 1996.

100. Talbott SM, Rothkopf MM, Shapses SA. Dietary restriction of energy and calcium alters bone turnover and density in younger and older female rats. J Nutr 128:640-645, 1998.

101. Reid IR, Ames RW, Evans MC, Gamble GD, Sharpt SJ. Effect of calcium supplementation on bone density in postmenopausal women. N Engl J Med 328:460-464, 1993.

102. Chapuy MC, Arlot ME, Duboeuf F, Brun J, Crouzet B, Arnaud S, Delmas PD, Meunier PJ. Vitamin D_3 and calcium to prevent hip fractures in elderly women. N Engl J Med 327:1637-1642, 1992.

103. 김경희, 최미자, 이인규. 난소절제한 흰쥐에서 식이칼슘량이 골밀도에 미치는 영향. 한국영양학회지 29(6):590-596, 1996.

104. 김화영, 최현규, 이현숙. 난소를 절제한 나이가 다른 흰쥐에서 식

이 칼슘 수준이 골격 대사에 미치는 영향. 한국영양학회지 31(4):716 -728, 1998.

105. 최미자, 조현주. 저칼슘 식이 섭취 시 식염첨가가 흰쥐의 골격대 사에 미치는 영향. 한국영양학회지 29(10):1096-1104, 1996.

106. Guillemant H, Le HT, Accarie C, Tézenas du Montcel S, Delabroise AM, Arnaud MJ, Guillemant S. Mineral water as a source of dietary calcium: Acute effects on parathyroid function and bone resorption in young men. Am J Clin Nutr 71:999-1002, 2000.

107. Nieves JW, Lomar L, Cosman F, Lindsay R. Calcium potenti ates the effect of estrogen and calcitonin on bone mass: Review and analysis. Am J Clin Nutr 67:18-24, 1998.

108. Kung AWC, Luk KDK, Chu LW, Chiu PKY. Age-related osteoporosis in Chinese: An evaluation of the response of intestinal calcium absorption and calcitropic hormones to dietary calcium deprivation. Am J Clin Nutr 68:1291-1297, 1998.

109. Pardellone P, Brazier M, Kamel S. Guéris J, Graulet AM, Liénard J, Sebert JL. Biochemical effects of calcium suppleme -ntation in postmenopausal women: Influence of dietary calcium intake. Am J Clin Nutr 67:1273-1278, 1998.

110. Munger RG, Cerhan JR, Chiu BC. Prospective study of dietary protein intake and risk of hip fracture in postmenopausal women. Am J Clin Nutr 69:147-152, 1999.

111. Itoh R, Nishiyama N, Suyama Y. Dietary protein intake and urinary excretion of calcium: A cross-sectional study in a healthy Japanese population. Am J Clin Nutr 67:438-444, 1998.

122

112. 왕수경, 김윤정, 홍서아. 칼슘 수준과 우유 및 콩단백질이 성장기 흰쥐의 칼슘 대사에 미치는 영향. 대전대학교 생활과학연구 3:165-178, 1997.

113. 김화영, 문경원, 김정희. 장기간의 고·저단백식이섭취가 난소절제 쥐의 Ca 및 골격대사에 미치는 영향. 한국영양학회지 27(5):415-425, 1995.

114. Arjmandi BH, Birnbaum R, Goyal NV, Getlinger MJ, Juma S, Alekel L, Hasler CM, Drum ML, Hollis BW, Kukreja S. Bone-sparing effect of soy protein in ovarian hormone-deficient rats is related to its isoflavone content. Am J Clin Nutr 68 (suppl):1364s-1368s, 1998.

115. Arjmandi BH, Alekel L, Hollis BW, Stacewicz-Sapuntzakis M, Guo P, Kukreja SC. Dietary soybean protein prevents bone loss in an ovariectomized rat model of osteoporosis. J Nutr 126:161-167, 1996.

116. Blair HC, Jordon SE, Peterson TG, Barnes S. Variable effects of tyrosine kinase inhibitors on avian osteoclastic activity and reduction of bone loss in ovariectomized rats. J Cell Biochem 61:629-637, 1996.

117. Fanti O, Faugers MC, Gang Z, Schmidt J, Cohen D, Malluche HH. Systemic administration of genistein partially prevents bone loss in ovariectomized rats in a nonestrogen-like mechanism. Am J Clin Nutr 68(suppl):1517s(abstr), 1998.

118. Potter SM, Baum JA, Teng H, Stillman RJ, Shay NF, Erdman JW Jr. Soy protein and isoflavones: Their effects on blood lipids and bone density in postmenopausal women. Am J Clin Nutr 68(suppl):1375s-1379s, 1998.

119. Dalais FS, Rice GE, Bell RJ, et al. Dietary soy supplementation increases vaginal cytology maturation index and bone mineral content in postmenopausal women. Am J Clin Nutr 68(suppl):1518s(abstr), 1998.

120. Calvo MS, Kumar R, Heath H. Persistently elevated parathyroid hormone secretion and action in young women after four week of ingesting high phosphorus, low calcium diet. J Clin Endocrinol Metab 70:1334-1340, 1990.

121. Devine A, Criddle RA, Dick IM, Kerr DA, Prince RC. A longitudinal study of the effect of sodium and calcium intake on regional bone density in postmenopausal women. Am J Clin Nutr 62:740-745, 1995.

122. Whiting SJ, Lemke B. Excess retinol intake may explain the high incidence of osteoporosis in Northern Europe. Nutr Rev 57:192-198, 1999.

123. Binkely N, Krueger D. Hypervitaminosis A and bone. Nutr Rev 58:138-144, 2000.

124. Strause L, Saltman P, Smith KT, Bracker M, Andon MB. Spinal bone loss in postmenopausal women supplemented with calcium and trace minerals. J Nutr 124:1060-1064, 1994.

125. Nielsen FH, Hunt CD, Mullen LM, Hunt JR. Effect of dietary boron on mineral, estrogen, and testosterone metabolism in post -menopausal women. FASEB J 1:394-397, 1987.

126. Martini LA. Magnesium supplementation and bone turnover. Nutr Rev 57:227-229, 1999.

127. Tucker KL, Hannan MT, Chen H, Cupples LA, Wilson PW, Kiel DP. Potassium, magnesium and fruits and vegetable intakes are associated with greater bone mineral density in elderly men and women. Am J Clin Nutr 69:727-736, 1999.

128. Sending-Lindberg G, Tepper R, Leichter I. Trabecular bone density in a two year controlled trial of personal magnesium in osteoporosis. Magnes Res 6:155-163, 1993.

129. Rude RK. Magnesium deficiency: A cause of heterogenous disease in humans. J Bone Miner Res 13(4):749-758, 1998.

130. Feskanich D, Weber P, Willett WC, Rockett H, Booth SL, Colditz GA. Vitamin K intake and hip fractures in women: A prospective study. Am J Clin Nutr 69:74-79, 1999.

131. Shiraki M, Shiraki Y, Aoki C, Miura M. Vitamin K2(menatet -renone) effectively prevents fractures and sustains lumbar bone mineral density in osteoporosis. J Bone Miner Res 15:515-521, 2000.

132. 손호영. 골다공증의 병인과 역학. 경희대 내분비연구소 pp.1-10, 1995.

133. Flicker L, Faulkner KG, Hopper JL, Green RM, Kaymacki B, Nowson CA, Young D, Wark JD. Determinants of hip axis length in women aged 10-89 years: A twin study. Bone 18(1):41-45, 1996.

134. Wakefield T, Disney GW, Mason RL, Beauchene RE. Relations hip among anthropometric indices of growth and creatinine and hydroxyproline excretion in preadolescent black and white girls. Growth 44:192, 1980.

135. Mayor GH, Sanchez TV, Garn SM. Adjusting photon-absorption -metry norms for whites to the black subject, in fourth internatio nal conference on bone measurement, Mazess RB, et al. NIH Publ. No.80-1938, 1980.

136. Bell NH, Shary J, Stevens J, Garza M, Gordon L, Edwards J. Demonstration that bone mass is greater in black than in white children. J Bone Miner Res 6:719-723, 1991.

137. Ortiz O, Russell M, Daley TL, Baumgartner RN, Waki M, Lichtman S, Wang J, Pierson RN Jr, Heymsfield SB. Differences in skeletal muscle and bone mineral mass between black and white females and their relevance to estimates of body composition. Am J Clin Nutr 55:8-13, 1992.

138. Horlick M, Thornton J, Wang J, Levine LS, Fedun B, Pierson RN. Bone mineral in prepubertal children: Gender and Ethnicity. J Bone Miner Res 15:1393-1397, 2000.

139. Li JY, Specker BL, Ho ML, Tsang RC. Bone mineral content in black and white children 1 to 6 years of age: Early appearance of race and sex Differences. AJDC 143:1346-1349, 1989.

140. Hannan MT, Felson DT, Dawson-Hughes B, Tucker K, Cupples LA, Wilson PWF, Kiel DP. Risk factors for longitudinal bone loss in elderly men and women: The Framingham osteoporosis study. J Bone Miner Res 15:710-720, 2000.

141. Felson DT, Zhang Y, Hannan MT, Anderson JJ. Effects of weight and body mass index on bone mineral density in men and women: The Framingham osteoporosis study. J Bone Miner Res 8:567-573, 1993.

142. Andersen RE, Wadden TA, Herzog RJ. Changes in bone mineral content in obese dieting women. Metabolism 46:857 -861, 1997.

143. Van Loan MD, Johnson HL, Barbieri TF. Effect of weight loss on bone mineral content and bone mineral density in obese women. Am J Clin Nutr 67:734-738, 1998.

144. Salamone LM, Cauley JA, Black DM, Simkin-Silverman L, Lang W, Gregg E, Palermo L, Epstein RS, Kuller LH, Wing Rena. Effect of a lifestyle intervention on bone mineral density in premenopausal women: A randomized trial. Am J Clin Nutr 70:97-103, 1999.

145. Tremolliers FA, Pouilles JM, Ribot C. Vertebral postmenopausal bone loss is reduced in overweight women: A longitudinal study in 155 early postmenopausal women. J Clin Endocrinol Metab 77:683-686, 1993.

146. Harris SS, Dawson-Hughes B. Weight, body composition and bone density in postmenopausal women. Calcif Tissue Int 59:428-432, 1996.

147. Fleet JC. Leptin and bone: Does the brain control bone biopogy? Nutr Rev 58:209-211, 2000.

148. Ducy P, Amling M, Takeda S, Priemel M, Schilling AF, Beil FT, Shen J, Vinson C, Rueger JM, Karsenty G. Leptin inhibits bone formation through a hypothalamic relay: A central control of bone mass. Cell 100:197-200, 2000.

149. Uuri-Rasi K, sievenen H, Vuori I, Pasnen M, Heinonen A, Oja P. Associations of physical activity and clacium intake with

bone mass and size in healthy women at different ages. J Bone Miner Res 13:133-142, 1998.

150. Friedlander AL, Genant HK, Sadowsky S, Byl NN, Gler CC. A two-year program of aerobics and weight training enhances bone mineral density of young women. J Bone Miner Res 10:574-585, 1995.

151. Wittich A, Mautalen CA, Oliveri MB, Bagur A, Somoza F, Rotemberg E. Professional football(soccer) players have a markedly greater skeletal mineral content, density and size than age-and BMI-matched controls. Calcif Tissue Int 63:112-117, 1998.

152. Young N, Formica C, Szmukler G, Seeman E. Bone density at weight-bearing and nonweight-bearing sites in ballet dancers: The effects of exercise, hypogonadism, and body weight. J Clin Endocrinol Metab 78:449-454, 1994.

153. 박태열, 김영준, 이윤관, 김주혁. 유산소운동이 중년여성의 골밀도 및 난포 호르몬에 미치는 영향. 한국체육학회 학술발표회, 824-828, 1998.

154. 정성태, 박계순, 진영수, 조수현, 홍기영. 운동과 호르몬 보충 요법이 폐경 초기 여성의 체력, 체구성, 혈액성분, 골밀도에 미치는 영향. 한국체육학회지 35:217-227, 1996.

155. 이종완, 양점홍. 저항운동과 에어로빅댄스가 사춘기 전기 여학생의 골밀도에 미치는 영향. 한국체육학회지 38:440-448, 1999.

156. 한상철. 중량운동이 중년여성들의 골밀도에 미치는 효과. 한국체육학회지 33:224-234, 1994.

157. Krall EA, Dawson-Hughes. Smoking increases bone loss and decrease intestinal calcium absorption. J Bone Miner Res 14:215 -220, 1999.

158. Hermann AP, Brot C, Gram J, Kolthoff N, Mosekilde L. Preme nopausal smoking and bone density in 2015 premenopausal women. J Bone Miner Res 15:780-787, 2000.

159. Harris SS, Dawson-Hughes B. Caffeine and bone loss in healthy postmenopausal women. Am J Clin Nutr 60:573-578, 1994.

160. 이정숙, 홍희옥, 유춘희. Caffeine 섭취수준에 따른 난소절제 흰쥐의 칼슘과 인 대사 연구. 한국영양학회지 29(9):950-957, 1996.

161. Saggese G, Bertelloni S, Baroncelli GI. Sex steroids and the acquisition of bone mass. Horm Res 48(suppl 5):65-71, 1997.

162. Korea Food Industry Association. Household measures of commo -nly used food items. 1998.

163. 2000년 학교보건관리기준. 서울특별시 교육청, 2000.

164. 제7차 한국인 영양 권장량, 한국영양학회, 2000.

165. Lee RD, Nieman DC. Nutritional assessment 2nd. Mosby, 1998.

166. Faulkner RA, Bailey DA, Drinkwater DT, McKay HA, Arnold C, Wilkinson AA. Bone densitometry in Canadian children 8-17 years of age. Calcif Tissue Int 59:344-351, 1996.

167. Reid IR, Plank LD, Evans MC. Fat mass is an important determinant of whole body bone density in premenopausal women but not in men. J Clin Endocrinol Metab 75:779-782, 1992.

168. Christiamsen C. Osteoporosis: Diagnosis and management today and tomorrow. Bone 17:513s-516s, 1995.

169. Look AC, Johnston JR, Wahner HW, Dunn WL, Calvo MS, Harris TB, Heyse ST, Lindsay RL. Prevalence of low femoral bone density in older U.S. women from NHANES Ⅲ. J Bone Miner Res 10:796-802, 1995.

170. 유춘희, 문현경, 백희영, 정금주, 김교정. 농촌 식생활 향상을 위한 식생활 평가시스템 개발연구, 농촌진흥청 연구과제보고서, 2000.

171. 이심열. 24시간 회상법으로 조사한 한국농촌성인 식생활의 현황 및 질적 평가. 서울대학교 박사학위논문, 1997.

172. 한성숙, 김숙희. 한국 노인의 식사내용이 골격밀도에 미치는 영향에 관한 조사연구. 한국영양학회지 21(5):333-347, 1988.

173. 문수재, 김정현. 한국 성인의 vitamin D 영양 상태가 골밀도에 미치는 영향. 한국영양학회지 31(1):46-61, 1998.

174. 손숙미, 전예나. 우유 섭취가 노인들의 골밀도 및 철분 영양 상태에 미치는 영향. 한국영양학회 춘계학술대회 초록: 46, 1998.

175. 이현주. 폐경 여성의 골밀도 상태와 이에 영향을 미치는 요인에 관한 연구. 중앙대학교 박사학위논문, 1998.

176. 이희자, 최미자, 이인규. 한국여성의 연령별 골밀도와 그에 미치는 영향인자에 관한 연구(Ⅱ): 골밀도와 신체 측정치 및 체조성과의 관계 -대구지역을 중심으로-. 한국영양학회지 29(7):778-787, 1996.

177. Lindsay R, Cosman F, Herrington BS, Himmelstein S. Bone mass and body composition in normal women. J Bone Miner Res 7(1):55-63, 1992.

178. 박윤정. 한국 노인의 식이 섭취 및 환경요인이 골격 건강에 미치는 영향. 중앙대학교 박사학위논문, 1999.

APPENDIX

Table A-1-1. Comparison of food intake of the groups classified by bone health status of femoral neck in children
subjects

(g/day)

	Male (n=80)			Female (n=80)		
	High(n=20)	Middle(n=39)	Low (n=21)	High(n=20)	Middle(n=40)	Low (n=20)
Plant Foods	798.7±226.3[1]	700.7±164.6	666.4±244.8	707.9±195.7^A	679.2±195.7^{AB}	553.9±197.2^B
Cereals and grain products	289.4±84.8	293.9±75.9	259.0±78.8	245.7±68.8	258.4±105.0	235.4±88.8
Potatoes and starches	32.9±49.5	38.6±48.3	50.4±80.5	59.0±68.3	60.8±91.2	34.1±47.9
Sugars and sweets	9.6±14.5	7.4±10.8	7.2±12.3	8.9±13.3	5.8±7.6	5.0±5.4
Legumes and their products	69.0±142.9^a	24.2±24.3^{ab}	17.3±14.5^b	15.7±15.3	24.7±34.7	17.8±24.9
Seeds and nuts	10.7±34.2	3.9±22.4	0.4±1.7	17.6±49.6^A	0.0±0.2^B	0.1±0.3^B
Vegetables	227.2±94.6^a	186.4±83.2^{ab}	166.3±87.5^b	168.6±80.4	170.1±75.6	154.1±85.7
Mushrooms	4.9±13.0	2.4±8.5	0.9±1.9	3.9±11.5	1.0±2.5	0.6±1.1
Fruits	143.4±144.4	132.4±119.8	156.1±178.4	177.8±147.1	143.9±171.4	98.2±86.8
Seaweeds	2.6±2.7	2.9±5.7	1.9±3.0	2.6±6.0	4.4±12.1	2.2±3.5
Oils and fats	9.3±6.6	8.6±4.5	6.9±4.0	8.4±4.1	9.9±5.2	6.7±5.7
Animal Foods	467.9±213.3	520.9±200.3	440.2±128.5	456.5±327.0	475.6±186.2	329.5±180.6
Meat, poultry and their products	63.1±51.9	92.2±83.9	99.3±79.2	103.3±180.1	90.5±82.9	56.0±57.6
Eggs	53.6±38.5	54.0±47.9	45.9±43.2	51.4±44.2	38.6±38.2	27.5±32.3
Fishes and shell fishes	32.9±33.8	50.0±43.7	37.5±34.9	43.7±40.5^A	35.8±26.9^{AB}	19.9±37.6^B
Milks and dairy products	311.0±194.1	312.5±193.0	253.8±131.0	256.5±213.7	292.9±153.9	220.0±149.9
Ready-to-cook products	7.4±15.0	12.2±48.6	3.7±10.5	1.8±7.8	17.9±41.6	6.21±3.1
Other Foods	42.4±40.0	39.4±40.0	46.0±43.4	41.0±37.1	24.1±18.2	25.1±19.9
Beverage[2]	13.7±41.0	10.2±34.4	14.9±47.6	15.8±36.8	3.1±15.8	4.2±17.4
Seasonings	28.8±15.4	29.2±16.2	31.1±16.2	25.2±8.4	21.0±11.7	20.9±11.9
Total	1309.0±253.9	1261.0±229.3	1152.6±290.6	1205.4±374.7^A	1178.8±246.2^A	908.5±357.0^B

1) Mean ± SD
2) Beverage includes soft drink, tea and alcoholic drink.
a b : Values with different superscripts in the same row of male are significantly different at α=0.05 level by Tukey's studentized range test.
A B : Values with different superscripts in the same row of female are significantly different at α=0.05 level by Tukey's studentized range test.

Table A-1-2. Comparison food intake of the groups classified by bone health status of femoral neck in adolescents subjects

(g/day)

	Male(n=83)			Female(n=84)		
	High(n=21)	Middle(n=41)	Low (n=21)	High(n=21)	Middle(n=42)	Low (n=21)
Plant Foods	853.0±138.1[1]	783.7±236.0	754.1±200.2	696.6±227.4	796.7±229.1	749.0±262.2
Cereals and grain products	346.2±89.8	336.7±87.7	299.8±80.9	304.4±94.9	305.4±83.9	281.6±59.2
Potatoes and starches	66.0±92.9[a]	29.8±39.5[ab]	18.0±22.5[b]	39.2±50.2	37.8±46.4	36.2±54.8
Sugars and sweets	9.4±1.2	6.0±7.1	6.6±7.9	11.2±11.8	10.7±10.1	8.8±9.4
Legumes and their products	38.1±43.4	37.0±40.4	34.4±39.2	19.3±30.9[B]	37.0±40.2[AB]	59.7±51.9[A]
Seeds and nuts	1.9±6.5	2.1±7.4	0.2±0.5	1.4±5.7	0.7±2.3	14.4±61.2
Vegetables	319.0±132.0	284.8±113.2	287.4±112.8	209.9±121.0	272.5±101.5	239.7±105.7
Mushrooms	3.5±13.4	0.6±2.7	2.5±6.9	2.9±13.1	1.9±6.8	1.6±7.2
Fruits	55.0±71.6	73.1±103.1	90.9±126.6	89.2±95.5	112.9±101.1	93.6±89.4
Seaweeds	2.0±4.6	3.8±12.5	5.7±16.3	7.8±17.9	5.3±21.5	1.5±1.9
Oils and fats	11.9±5.6	9.9±5.9	8.8±6.4	11.4±6.8	12.5±12.9	11.8±4.7
Animal Foods	390.1±192.0	440.9±189.0	431.0±234.8	373.5±196.8	333.3±140.9	319.2±197.0
Meat, poultry and their products	123.6±56.2	118.4±62.9	123.5±76.8	79.8±44.5	96.9±57.2	96.5±62.8
Eggs	40.0±37.6	44.2±41.8	29.4±33.1	62.1±29.3[A]	36.1±34.6[B]	39.6±32.3[B]
Fishes and shell fishes	73.7±64.5	74.1±74.1	62.4±60.6	63.6±58.2	78.3±62.6	55.6±50.8
Milks and dairy products	152.9±169.2	196.6±174.6	215.7±174.3	168.1±151.0	122.0±129.2	127.6±167.0
Ready-to-cook products	0.0±0.0	7.6±46.8	0.0±0.0	0.0±0.0	0.0±0.0	0.0±0.0
Other Foods	84.8±76.5	80.6±88.2	82.1±99.5	72.8±75.9	63.3±66.2	85.8±98.0
Beverage[2]	44.4±94.8	53.3±83.9	54.0±97.5	41.4±79.7	25.7±57.0	53.3±92.5
Seasonings	40.4±22.6[a]	27.2±17.2[b]	28.1±16.6[b]	31.4±15.9	37.5±38.9	32.5±17.1
Total	1328.0±278.0	1305.2±306.0	1267.2±367.6	1142.9±358.4	1193.3±288.5	1154.0±370.8

1) Mean ± SD
2) Beverage includes soft drink, tea and alcoholic drink.
a b : Values with different superscripts in the same row of male are significantly different at α=0.05 level by Tukey's studentized range test.
A B : Values with different superscripts in the same row of female are significantly different at α=0.05 level by Tukey's studentized range test.

Table A-1-3. Comparison food intake of the groups classified by bone health status of femoral neck in adults subjects

(g/day)

	Male(n=87)		Female(n=100)	
	Normal(n=82)	Osteopenia(n=5)	Normal(n=89)	Osteopenia(n=11)
Plant Foods	895.7±424.9[1]	750.2±180.4	837.9±347.9	652.5±171.6
Cereals and grain products	318.9±112.3	304.2±49.0	274.2±131.6	262.6±76.6
Potatoes and starches	18.1±40.2	31.7±28.9	26.6±61.7	31.2±45.8
Sugars and sweets	10.1±9.9	25.3±25.8	10.5±10.3	7.0±4.7
Legumes and their products	34.9±55.4*	6.0±3.4	20.7±32.0	18.6±26.9
Seeds and nuts	2.5±8.5*	0.1±0.2	1.3±3.9*	0.3±0.4
Vegetables	270.9±109.1	275.1±112.6	211.4±145.7	179.6±42.4
Mushrooms	1.9±5.3	0.0±0.0	2.3±7.1*	0.1±0.3
Fruits	227.1±340.4	83.6±117.7	280.1±293.0*	127.7±166.4
Seaweeds	2.7±8.6	13.6±28.2	2.0±7.6	16.6±46.4
oils and fats	8.6±6.5	10.7±5.3	8.9±7.1	8.8±7.5
Animal Foods	347.4±269.4	261.8±90.5	345.8±233.0	195.3±194.1
Meat, poultry and their products	96.7±114.1	109.1±87.1	73.9±103.5	31.0±46.6
Eggs	41.4±56.7	36.2±22.1	26.7±41.8	20.8±34.8
Fishes and shell fishes	66.6±85.0	80.5±48.4	56.8±59.3	64.7±55.1
Milks and dairy products	136.5±207.9*	36.0±49.8	179.2±184.9	77.8±177.1
Ready-to-cook products	6.1±25.1	0.0±0.0	9.15±2.3	0.9±3.0
Other Foods	482.0±727.7	296.8±339.4	109.0±163.7	33.4±30.1
Beverage[2]	451.6±720.1	259.0±351.0	83.5±160.0	12.3±29.6
Seasonings	29.2±18.4	37.8±24.7	25.1±17.9	21.1±11.9
Total	1725.1±874.7	1308.8±469.3	1292.7±500.5	881.2±287.8

1) Mean ± SD
2) Beverage includes soft drink, tea and alcoholic drink.
* : Significantly different between normal and ostopenia group of same sex at α=0.05 level by Student's t-test.

Table A-1-4. Comparison of food intake of the groups classified by bone health status of femoral neck in elderly subjects

(g/day)

	Male(n=98)			Female(n=120)		
	Normal(n=14)	Osteopenia(n=47)	Osteoporosis(n=37)	Normal(n=10)	Osteopenia(n=53)	Osteoporosis(n=57)
Plant Foods	674.2±205.6[b)]	618.8±243.0	622.7±257.4	594.0±165.5[B]	776.4±291.5[A]	567.7±252.7[B]
Cereals and grain products	244.3±63.1	254.8±62.5	274.7±154.3	259.0±54.8[AB]	288.4±82.4[A]	231.1±66.8[B]
Potatoes and starches	11.8±17.3	25.4±86.8	25.0±82.1	15.0±24.2	14.4±40.5	20.1±75.3
Sugars and sweets	6.8±10.3[a]	2.4±4.2[b]	1.3±2.2[b]	2.6±3.0	14.0±71.7	1.8±3.0
Legumes and their products	68.0±59.3[a]	22.2±26.2[b]	24.7±30.8[b]	33.6±36.8	21.7±23.9	24.0±49.2
Seeds and nuts	7.6±28.2	0.4±1.5	0.9±3.8	3.2±9.4	3.2±11.4	0.6±2.7
Vegetables	250.9±87.3	248.5±97.2	246.9±153.9	250.2±108.7	257.7±107.6	213.8±126.5
Mushrooms	2.5±5.8[a]	0.0±0.0[b]	0.1±0.4[b]	1.7±5.4[A]	0.6±1.7[AB]	0.0±40.2[B]
Fruits	71.9±115.8	46.4±128.6	40.6±108.4	21.0±45.3[B]	168.4±242.4[A]	80.0±145.4[AB]
Seaweeds	6.3±9.9	2.9±6.5	3.4±5.8	2.3±3.8	2.1±4.6	2.3±7.3
oils and fats	4.1±6.2	15.8±76.2	5.1±6.0	5.4±4.3	5.8±6.6	3.0±3.2
Animal Foods	300.9±217.8[a]	160.7±131.1[b]	186.9±171.6[a]	142.5±114.1	203.4±214.9	123.6±175.8
Meat, poultry and their products	42.4±38.9	46.9±50.6	39.9±45.6	60.8±45.0[l]	40.1±53.8[AB]	20.5±38.9[B]
Eggs	14.3±30.6	5.3±14.0	8.4±21.5	10.2±18.3	18.1±93.6	2.9±11.5
Fishes and shell fishes	126.3±184.0	95.3±108.6	121.2±135.0	54.0±112.3	98.4±140.1	75.0±164.6
Milks and dairy products	117.6±157.0[a]	13.0±45.6[b]	17.5±98.6[b]	17.5±37.4	46.8±83.1	25.1±69.6
Ready-to-cook products	0.0±0.0	0.2±1.5	0.0±0.0	0.0±0.0	0.0±0.3	0.0±0.0
Other Foods	165.7±192.2	115.1±130.6	89.7±92.1	38.2±38.9	42.1±58.2	65.3±267.9
Beverage[2)]	131.3±194.9	90.6±129.0	64.6±90.2	9.6±28.3	19.2±54.9	45.4±261.5
Seasonings	34.5±21.7	24.5±17.2	25.1±16.1	21.1±10.9	20.6±12.4	19.9±16.9
Total	1140.8±323.3[a]	894.5±302.9[b]	899.3±296.0[b]	774.7±204.5	1021.9±370.7	765.6±465.1

1) Mean ± SD
2) Beverage includes soft drink, tea and alcoholic drink.
a b : Values with different superscripts in the same row of male are significantly different at α=.05 level by Tukey's studentized range test.
A B : Values with different superscripts in the same row of female are significantly different at α=0.05 level by Tukey's studentized range test.

Table A-2-1. Comparison of nutrient intake of the groups classified by bone health status of femoral neck in children subjects

	Male(n=80)			Female(n=80)		
	High(n=20)	Middle(n=39)	Low (n=21)	High(n=20)	Middle(n=40)	Low (n=20)
Energy(kcal)	$1901.7\pm262.1^{1)}$	1894.6 ± 264.4	1742.0 ± 335.1	1720.2 ± 335.9^{A}	1727.0 ± 323.1^{A}	1393.2 ± 553.9^{B}
Protein(g)	72.0 ± 13.4	77.8 ± 16.7	70.8 ± 12.5	64.2 ± 15.2^{A}	67.5 ± 14.2^{A}	49.9 ± 23.1^{B}
Animal protein (g)	37.7 ± 11.7	45.4 ± 16.5	42.6 ± 12.0	38.1 ± 14.6^{A}	40.0 ± 12.6^{A}	26.2 ± 15.2^{B}
Vegetable protein(g)	34.3 ± 6.6^{a}	32.4 ± 7.8^{ab}	28.2 ± 7.7^{b}	26.1 ± 7.0	27.5 ± 7.7	23.7 ± 8.9
Fat(g)	55.2 ± 14.3	54.4 ± 16.8	51.1 ± 17.9	46.5 ± 20.0^{AB}	51.9 ± 16.4^{A}	35.6 ± 18.9^{B}
Carbohydrate(g)	280.7 ± 46.2	273.8 ± 50.0	249.0 ± 56.0	261.9 ± 50.6^{A}	248.1 ± 55.8^{AB}	218.5 ± 76.5^{B}
Ca(mg)	666.8 ± 238.7	647.4 ± 226.7	583.4 ± 160.9	549.5 ± 246.5^{A}	583.9 ± 185.2^{A}	429.4 ± 195.3^{B}
Animal Ca (mg)	439.5 ± 212.0	442.0 ± 211.4	391.7 ± 141.8	378.0 ± 230.5	387.4 ± 176.6	277.9 ± 146.4
Vegetable Ca(mg)	227.3 ± 63.3	205.5 ± 72.2	191.7 ± 94.9	171.5 ± 70.9	196.5 ± 73.0	151.5 ± 75.6
P(mg)	1160.4 ± 285.1	1194.0 ± 245.4	1108.1 ± 221.7	966.1 ± 275.5^{AB}	1054.7 ± 224.9^{A}	829.3 ± 374.8^{B}
Ca/P ratio	0.56 ± 0.11	0.54 ± 0.13	0.52 ± 0.09	0.57 ± 0.22	0.55 ± 0.15	0.52 ± 0.15
Fe(mg)	10.7 ± 2.4	10.8 ± 2.6	9.9 ± 3.6	9.1 ± 2.2^{A}	9.7 ± 2.6^{A}	7.0 ± 2.8^{B}
Vitamin A(RE)	894.5 ± 335.2	820.7 ± 372.3	644.8 ± 579.2	663.8 ± 387.2	617.6 ± 339.1	449.9 ± 226.4
Thiamin(mg)	1.5 ± 0.6	1.5 ± 0.6	1.4 ± 0.6	1.4 ± 0.8^{A}	1.3 ± 0.6^{AB}	1.0 ± 0.5^{B}
Riboflavin(mg)	1.6 ± 0.5	1.5 ± 0.4	1.3 ± 0.4	1.3 ± 0.6^{AB}	1.4 ± 0.5^{A}	1.0 ± 0.5^{B}
Niacin(mg)	15.8 ± 7.0	15.9 ± 7.5	13.8 ± 4.0	12.8 ± 4.3^{AB}	15.1 ± 6.1^{A}	10.3 ± 6.2^{B}
Vitamin C(mg)	88.0 ± 46.0^{a}	73.9 ± 45.7^{ab}	58.0 ± 29.6^{b}	63.9 ± 33.2^{AB}	73.4 ± 39.6^{A}	47.0 ± 22.7^{B}
Carbohydrate energy percent	58.8 ± 6.1	57.9 ± 7.5	57.3 ± 8.0	61.4 ± 7.9^{AB}	57.2 ± 8.7^{B}	63.7 ± 5.9^{A}
Protein energy percent	15.2 ± 2.3	16.5 ± 2.8	16.4 ± 2.2	15.0 ± 2.2	15.8 ± 2.6	14.1 ± 1.6
Fat energy percent	26.0 ± 5.3	25.7 ± 6.1	26.3 ± 7.3	23.6 ± 7.1^{AB}	27.0 ± 7.6^{A}	22.2 ± 5.1^{B}

1) Mean ± SD
a b : Values with different superscripts in the same row of male are significantly different at α=0.05 level by Tukey's studentized range test.
A B : Values with different superscripts in the same row of female are significantly different at α=0.05 level by Tukey's studentized range test.

Table A−2−2. Comparison of nutrient intake of the groups classified by bone health status of femoral neck in adolescents subjects

	Male(n=83)			Female(n=84)		
	High(n=21)	Middle(n=41)	Low (n=21)	High(n=21)	Middle(n=42)	Low (n=21)
Energy(kcal)	2141.8±399.4[1]	2108.1±436.4	1936.3±528.3	1878.8±509.4	1924.1±394.8	1804.5±409.5
Protein(g)	89.6±23.3	87.6±22.2	81.6±29.2	74.1±24.1	77.7±20.1	77.2±19.8
Animal protein (g)	48.8±17.5	50.7±17.3	47.0±21.5	42.9±17.6	41.8±14.8	40.9±14.9
Vegetable protein(g)	40.8±8.7	36.9±10.0	34.6±11.5	31.2±10.9	35.9±10.5	36.4±10.9
Fat (g)	58.6±15.7	59.0±16.3	51.3±22.7	56.0±19.7	54.3±15.4	54.4±16.1
Carbohydrate(g)	313.9±51.3	306.3±64.4	286.3±60.9	270.5±75.5	282.0±60.5	254.0±64.1
Ca(mg)	597.7±289.0	593.8±217.0	591.0±295.7	501.8±250.0	512.2±198.9	519.7±225.1
Animal Ca (mg)	308.3±239.7	352.6±204.3	364.5±255.8	306.8±206.1	263.1±170.3	253.3±200.3
Vegetable Ca(mg)	289.4±100.5[a]	241.2±81.8[ab]	226.5±74.5[b]	194.9±98.0	249.1±106.2	266.4±129.2
P(mg)	1362.3±423.8	1344.0±330.6	1259.4±478.7	1088.1±413.0	1145.5±303.2	1122.1±293.3
Ca/P ratio	0.42±0.11	0.44±0.11	0.46±0.11	0.45±0.13	0.44±0.12	0.45±0.10
Fe(mg)	13.7±4.4[a]	11.8±4.0[ab]	10.8±3.3[b]	10.1±2.9	11.2±3.2	10.5±3.8
Vitamin A(RE)	849.4±385.5	684.1±312.3	662.0±334.1	822.4±411.2	729.1±413.8	651.6±266.3
Thiamin(mg)	1.5±0.4[a]	1.5±0.4[a]	1.2±0.4[b]	1.2±0.5	1.3±0.4	1.3±0.4
Riboflavin(mg)	1.4±0.5	1.3±0.4	1.1±0.4	1.2±0.4	1.1±0.4	1.0±0.4
Niacin(mg)	19.9±5.2	18.7±5.2	16.5±6.7	15.8±5.9	15.8±5.2	14.9±4.7
Vitamin C(mg)	108.7±45.2[a]	81.0±40.5[b]	79.0±34.0[b]	93.7±57.1	105.5±53.4	93.9±48.3
Carbohydrate energy percent	59.0±3.6	58.4±5.0	60.4±7.1	57.7±6.3	58.6±5.6	55.7±5.4
Protein energy percent	16.7±2.7	16.6±2.1	16.6±1.9	15.7±2.4	16.1±2.5	17.1±2.1
Fat energy percent	24.3±2.7	25.0±4.0	23.0±5.8	26.5±5.6	25.3±4.7	27.2±4.4

1) Mean ± SD

a b : Values with different superscripts in the same row of men are significantly different at α=0.05 level by Tukey's studentized range test.

A B : Values with different superscripts in the same row of female are significantly different at α=0.05 level by Tukey's studentized range test.

Table A-2-3. Comparison of nutrient intake of the groups classified by bone health status of femoral neck in adults subjects

	Male(n=87)		Female(n=100)	
	Normal(n=82)	Osteopenia(n=5)	Normal(n=89)	Osteopenia(n=11)
Energy(kcal)	2245.2±674.0[1]	1953.1±318.6	1818.1±569.3*	1425.1±346.8
Protein(g)	80.9±28.3	80.1±29.5	70.1±28.1*	52.7±12.7
Animal protein (g)	42.9±25.9	51.5±33.0	37.6±24.6*	24.8±11.6
Vegetable protein(g)	38.0±14.9*	28.6±4.9	32.5±13.2*	27.9±5.5
Fat(g)	60.4±28.2	57.3±20.5	52.9±27.0*	35.9±15.6
Carbohydrate(g)	315.4±90.0	284.0±32.1	266.5±83.4*	223.4±49.9
Ca(mg)	560.4±267.1	451.8±102.6	553.9±263.9	451.3±244.8
Animal Ca (mg)	275.8±231.1	220.9±117.6	334.8±254.7	249.2±234.0
Vegetable Ca(mg)	284.7±136.4*	230.9±34.4	219.1±96.4	202.1±55.1
P(mg)	1228.2±433.4	1097.6±201.1	1085.1±384.5*	831.6±248.6
Ca/P ratio	0.46±0.14	0.42±0.10	0.51±0.14	0.52±0.16
Fe(mg)	15.1±17.3	10.7±3.3	10.5±4.9*	8.0±1.8
Vitamin A(RE)	776.4±424.1	767.5±309.2	704.4±572.7*	475.7±206.0
Thiamin(mg)	1.5±0.7	1.3±0.6	1.3±0.8*	0.9±0.3
Riboflavin(mg)	1.3±0.6	1.0±0.5	1.1±0.5*	0.7±0.4
Niacin(mg)	16.9±8.2	17.0±6.8	14.3±7.0	10.4±4.9
Vitamin C(mg)	77.7±39.5	64.7±25.3	78.2±51.3	57.6±32.5
Carbohydrate energy percent	61.5±8.9	57.9±9.6	59.3±9.1	62.8±6.9
Protein energy percent	14.5±3.1	16.1±3.2	15.3±3.3	14.9±2.5
Fat energy percent	24.0±7.5	26.0±7.0	25.4±7.8	22.3±6.3

1) Mean ± SD
* : Significantly different between normal and osteopenia group of same sex at at α=0.05 level by student's t-test.

Table A-2-4. Comparison of nutrient intake of the groups classified by bone health status of femoral neck in elderly subjects

	Male(n=98)			Female(n=120)		
	Normal(n=14)	Osteopenia(n=47)	Osteoporosis(n=37)	Normal(n=10)	Osteopenia(n=53)	Osteoporosis(n=57)
Energy(kcal)	1653.8±434.0[1]	1501.3±404.2	1483.1±446.2	1404.5±242.4^{AB}	1527.2±384.4^{A}	1219.6±468.3^{B}
Protein(g)	77.5±344.4	60.3±27.0	62.9±31.3	57.1±19.2	62.5±29.8	48.2±36.0
Animal protein (g)	41.2±33.3	30.9±24.6	34.0±28.6	25.1±18.9	29.1±27.3	21.6±30.5
Vegetable protein(g)	36.3±11.8^{a}	29.3±7.9b	28.9±9.6^{b}	31.9±7.9^{AB}	33.4±7.7^{A}	26.6±10.2^{B}
Fat(g)	32.5±15.6	25.8±16.5	28.7±17.4	26.4±6.9	27.4±14.4	18.8±16.2
Carbohydrate(g)	231.8±63.7	229.4±62.0	224.0±61.7	230.4±48.6	255.3±59.0	211.1±65.9
Ca(mg)	621.1±315.4^{a}	408.6±169.2^{b}	455.0±250.1^{b}	358.8±139.2	405.3±169.4	376.1±260.4
Animal Ca (mg)	350.9±280.6^{a}	191.4±149.8^{b}	220.3±207.1^{b}	154.4±152.0	178.3±140.7	184.6±192.7
Vegetable Ca(mg)	270.2±98.2	217.2±93.5	234.7±150.1	204.4±63.4	227.0±89.8	191.5±114.0
P(mg)	1188.4±446.8^{a}	916.4±317.6^{b}	945.2±386.5^{b}	898.6±256.9	966.3±369.0	783.1±493.4
Ca/P ratio	0.51±0.17	0.47±0.16	0.48±0.18	0.40±0.11	0.43±0.11	0.48±0.18
Fe(mg)	10.4±3.4	8.5±3.4	8.2±3.6	9.3±1.8	9.5±4.1	7.0±4.2
Vitamin A(RE)	602.4±367.9	508.3±345.2	458.9±356.7	520.9±299.6	479.4±295.8	359.3±277.2
Thiamin(mg)	1.0±0.3	0.9±0.4	0.9±0.3	1.0±0.4	1.1±0.8	0.8±0.5
Riboflavin(mg)	1.0±0.5^{a}	0.7±0.4^{b}	0.8±0.5^{ab}	0.7±0.6	0.8±0.5	0.6±0.5
Niacin(mg)	14.7±8.7	13.2±6.6	12.7±6.6	12.6±4.5	13.5±5.9	10.4±7.6
Vitamin C(mg)	104.1±67.9^{a}	70.3±55.9^{ab}	60.3±42.8^{b}	59.0±27.4	85.4±58.7	59.6±43.3
Carbohydrate energy percent	64.1±10.5	69.9±9.6	67.0±11.2	66.6±6.0	68.4±9.0	72.8±11.1
Protein energy percent	18.7±8.5	15.6±4.0	16.3±4.8	15.9±3.5	16.0±4.7	14.8±5.3
Fat energy percent	17.2±5.2	14.6±6.4	16.7±7.8	17.5±6.4^{A}	15.6±5.8^{AB}	12.5±6.9^{B}

1) Mean ± SD
a b c : Values with different superscripts in the same row of male are significantly different at α=0.05 level by Tukey's studentized range test.
A B C: Values with different superscripts in the same row of female are significantly different at α=0.05 level by Tukey's studentized range test.

Table A-3. Relationship between physical characteristics and BMD of femoral neck by age group

	Male						Female					
	Height	Weight	BMI	RBW	Waist	Hip	Height	Weight	BMI	RBW	Waist	Hip
Child	0.24 [1)]*	0.28*	0.25*	0.25*	–	–	0.60***	0.45***	0.23*	0.13	–	–
Adolescents	0.23*	0.41***	0.37***	0.33**	–	–	–0.06	0.33**	0.27*	0.36***	–	–
Adults	0.10	0.18	0.16	–	0.09	0.14	0.01	0.07	0.06	–	0.10	0.09
Elderly	0.14	0.37***	0.34***	–	0.28**	0.24*	0.33***	0.31***	0.19*	–	0.00	0.11

1) Pearson's coefficient(r)

*p < 0.05   **p < 0.01   ***p < 0.001

Table A-4. Relationship between food intake and BMD of femoral neck
        by age group

		Male	Female
Childhood	Sugars and sweets	0.03[1]	0.19*
	Legumes and their products	0.24**	0.07
	Seeds and nuts	0.21*	0.31***
	Vegetables	0.23**	0.06
	Meat, poultry and their products	−0.24**	0.04
	Plant foods intake	0.22*	0.18
	Total foods intake	0.24**	0.20*
Adolescents	Cereals and grain products	0.05	−0.20*
	Potatoes and starches	0.23**	−0.03
	Sugars and sweets	0.18*	0.03
	Legumes and their products	0.06	−0.24**
	Seeds and nuts	0.11	−0.19*
	Seaonings	0.21*	−0.04
	Plant foods intake	0.08	−0.24**
Adults	Legumes and their products	0.34***	−0.00
	Mushrooms	0.00	0.19*
	Milks and dairy products	0.18*	−0.03
	Animal foods intake	0.14	0.03
Elderly	Cereals and grain products	−0.17*	0.19**
	Legumes and their products	0.25**	−0.06
	Seeds and nuts	0.17*	0.12
	Mushrooms	0.23**	0.27***
	oils and fats	0.05	0.16*
	Meat, poultry and their products	−0.05	0.19**
	Others	0.00	0.19**

Adjusted for height and weight

1) Pearson's coefficient(r)

* p<0.1   **p<0.05   ***p<0.01

Table A-5. Relationship between nutrient intake and BMD of femoral
neck by age group

		Male	Female
Child	Vegetable protein	$0.29^{1)***}$	0.07
	Ca	0.23^{**}	0.16
	Vegetable Ca	0.28^{**}	0.05
	P	0.19^{*}	0.09
	Vitamin A	0.22^{**}	0.22^{**}
	Riboflavin	0.24^{**}	0.11
	Vitamin C	0.23^{**}	0.15
Adolescents	Vegetable protein	0.17	-0.30^{***}
	Vegetable Ca	0.23^{**}	-0.28^{**}
	Fe	0.23^{**}	-0.13
	Vitamin A	0.20^{*}	0.04
	Thiamin	0.10	0.20^{*}
	Riboflavin	0.19^{*}	0.07
Adults	Vegetable protein	0.22^{**}	0.13
	Ca	0.21^{*}	0.02
	Vegetable Ca	0.22^{**}	0.07
	P	0.21^{*}	0.09
	Vitamin A	0.20^{*}	0.03
	Vitamin C	0.24^{**}	0.06
Elderly	Energy	-0.02	0.16^{*}
	Protein	0.05	0.17^{*}
	Vegetable protein	0.19^{*}	0.19^{**}
	Ca/P ratio	0.04	-0.23^{**}
	Fe	0.12	0.22^{**}
	Vitamin A	0.13	0.18^{**}
	Vitamin C	0.22^{**}	0.07

Adjusted for height and weight
1) Pearson's coefficient(r)
* p<0.1 **p<0.05 ***p<0.01

· 저자약력 ·

이정숙   상명대학교 이학박사(영양학 전공)
          현 상명대학교 겸임교수

          • 주요논저 •
          「한국 여대생의 골밀도에 영향을 미치는 요인 분석 연구」
          「여대생의 우유 및 유제품 섭취 실태 및 골밀도와의 관계 연구」
          「한국 성인과 미국 성인의 영양 섭취 실태 비교 연구」
          외 다수

이일하   미국 Texas Woman's University 영양학 박사
          현 중앙대학교 가정교육학과 교수

유춘희   이화여자대학교 영양학 박사
          현 상명대학교 생활환경학부 외식영양학전공 교수

김선희   이화여자대학교 영양학 박사
          현 국민대학교 식품영양학과 교수

이상선   미국 University of Minnesota 식품영양학 박사
          현 한양대학교 식품영양학과 교수

한국인의 연령별 골밀도와 각 연령군의 골밀도와 관련된 식이요인 분석

• 초판 인쇄	2007년 2월 28일
• 초판 발행	2007년 2월 28일
• 지 은 이	이정숙 외 4인
• 펴 낸 이	채종준
• 펴 낸 곳	한국학술정보㈜
	경기도 파주시 교하읍 문발리 526-2
	파주출판문화정보산업단지
	전화 031) 908-3181(대표) · 팩스 031) 908-3189
	홈페이지 http://www.kstudy.com
	e-mail(출판사업부) publish@kstudy.com
• 등 록	제일산-115호(2000. 6. 19)
• 가 격	10,000원

ISBN 978-89-534-6408-7 93570 (Paper Book)
      978-89-534-6409-4 98570 (e-Book)